Uli Benker

GPS-Navigation

Bruckmann Basic

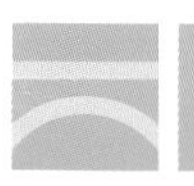

BRUCKMANN

GPS – Die Grundlagen

GPS-Geräte

Koordinaten & Kartengitter

Erste Schritte

Auf Tour mit GPS

GPS & PC

Anhang

Gewusst wo – Navigation mit GPS

Das Wichtigste auf einer Wander-, Berg- oder Biketour? Zu wissen, wo man ist. Das Zweitwichtigste? Zu wissen, wo es lang geht. Zwei Fragen, die schon die alten Ägypter und Griechen eingehend beschäftigten. So fanden sie heraus, dass sich die Sterne für die Orientierung eignen – damals die Voraussetzung für die Schifffahrt im Mittelmeer.
Lange Zeit blieb das auch so: Selbst als Kompass und Sextant aufkamen, konnte man auf See seine Position nur mit Hilfe der Gestirne bestimmen. Diese Zeiten sind längst vorbei. Und doch orientiert sich der Mensch wieder am Himmel. Allerdings nicht nach den Sternen, sondern mit Hilfe von Satelliten, den Satelliten des Global Positioning Systems, kurz GPS. GPS hat die Orientierung ohne Zweifel revolutioniert. Nie war die Antwort auf die Frage »Wo bin ich?« leichter zu finden. Benötigte man zu Zeiten von Kompass und Sextant noch spezielle Kenntnisse und Fähigkeiten, um seine Position zu bestimmen – bei Schlechtwetter und Dunkelheit war es sogar unmöglich –, genügt heute ein Knopfdruck auf einen gerade mal handygroßen Satellitenempfänger und man weiß, wo man ist. Und das sogar bei Nacht und Nebel! Ursprünglich für militärische Zwecke konzipiert, ist GPS heute aus einer Vielzahl ziviler Anwendungen nicht mehr wegzudenken, als Beispiel sei nur die Autonavigation erwähnt. Hier gehört die Routenfindung mit GPS schon fast zum Standard. Doch auch als Wanderer, Bergsteiger, Biker oder Paddler haben Sie mit GPS ein einzigartiges Navigationsmittel an der Hand. Dieses Buch, vor allem für Einsteiger ohne Vorkenntnisse gedacht, zeigt Ihnen, welche Möglichkeiten Ihnen damit offenstehen. Es hilft Ihnen, das richtige Gerät zu finden, gibt Tipps, wie Sie Touren mit GPS planen und durchführen und geht schließlich auch auf die umfangreichen Vorteile ein, die die Tourenvorbereitung am PC bietet.

Viel Spaß mit GPS!

GPS – Die Grundlagen

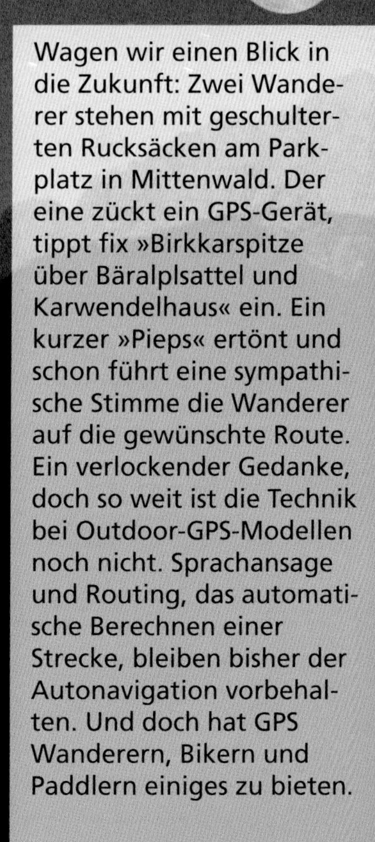

Wagen wir einen Blick in die Zukunft: Zwei Wanderer stehen mit geschulterten Rucksäcken am Parkplatz in Mittenwald. Der eine zückt ein GPS-Gerät, tippt fix »Birkkarspitze über Bäralplsattel und Karwendelhaus« ein. Ein kurzer »Pieps« ertönt und schon führt eine sympathische Stimme die Wanderer auf die gewünschte Route. Ein verlockender Gedanke, doch so weit ist die Technik bei Outdoor-GPS-Modellen noch nicht. Sprachansage und Routing, das automatische Berechnen einer Strecke, bleiben bisher der Autonavigation vorbehalten. Und doch hat GPS Wanderern, Bikern und Paddlern einiges zu bieten.

Das Global Positioning System (GPS)

Das **G**lobal **P**ositioning **S**ystem, kurz GPS, besteht aus 30 Satelliten, die in gut 20000 Kilometer Höhe die Erde innerhalb von etwa zwölf Stunden einmal umkreisen. Die Satelliten sind dabei so auf sechs Umlaufbahnen verteilt, dass zu jeder Zeit über jedem Punkt der Erde mindestens vier gleichzeitig am Himmel stehen.

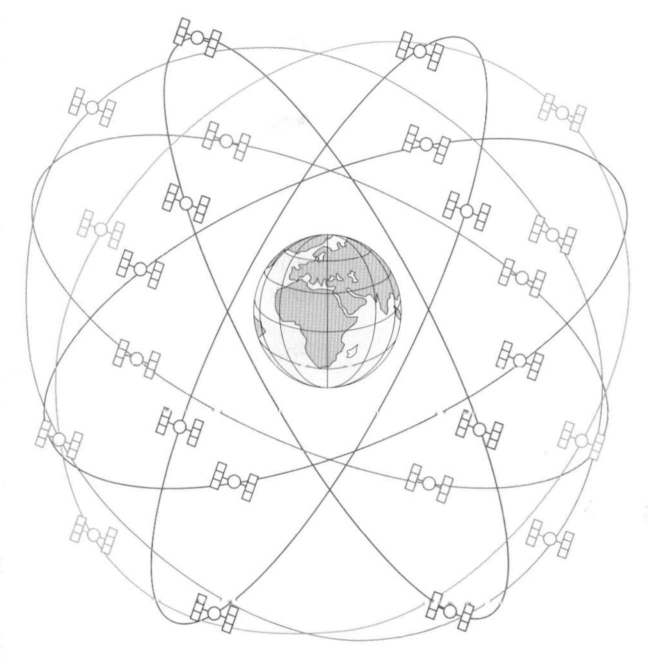

30 Satelliten, verteilt auf 6 Umlaufbahnen: Die Satellitenkonstellation des US-amerikanischen NAVSTAR-GPS.

Kontrolliert von mehreren Bodenstationen, senden alle Satelliten Signale aus, mit denen ein GPS-Empfänger seine Position bestimmen kann. Vereinfacht ausgedrückt übermittelt jeder Satellit eine Nachricht, die seinen »Namen«, seine Position und die Uhrzeit, zu der die Nachricht abgeschickt wurde, enthält. Das GPS-Gerät vergleicht bei der Standortbestimmung den Sendezeitpunkt mit dem Zeitpunkt, zu dem die Nachricht am Gerät eintrifft, und berechnet aus der Differenz die Entfernung zum jeweiligen Satellit.

Das funktioniert etwa so, wie Sie die Entfernung eines aufziehenden Gewitters bestimmen können: Sobald es blitzt, zählen Sie die Sekunden, bis es donnert, z. B. fünf. Weil sich der Schall mit einer Geschwindigkeit von 340 Meter pro Sekunde ausbreitet, beträgt die Entfernung des Gewitters in diesem Fall 1700 Meter. Satellitensignale bewegen sich dagegen mit Lichtgeschwindigkeit (ca. 300 000 km/s) durchs All. Bis zum GPS-Empfänger sind sie nur 0,07 Sekunden unterwegs, woraus sich für die Satelliten eine Entfernung von etwa 21 000 Kilometer ergibt.

Die Positionsbestimmung erfordert den Empfang von mindestens drei Satelliten.

Um auf diese Weise einen Standort zu bestimmen, muss das Gerät die Signale von mindestens drei Satelliten empfangen. Oder anders ausgedrückt: Es muss die exakte Entfernung und Position von mindestens drei Satelliten kennen (siehe Abb.).

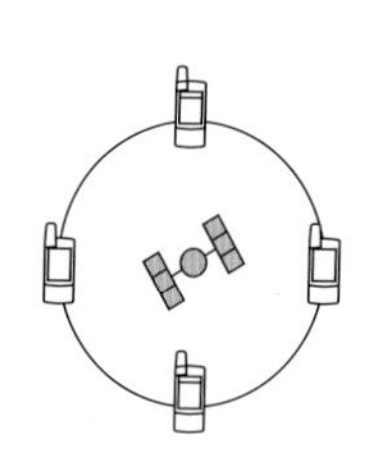

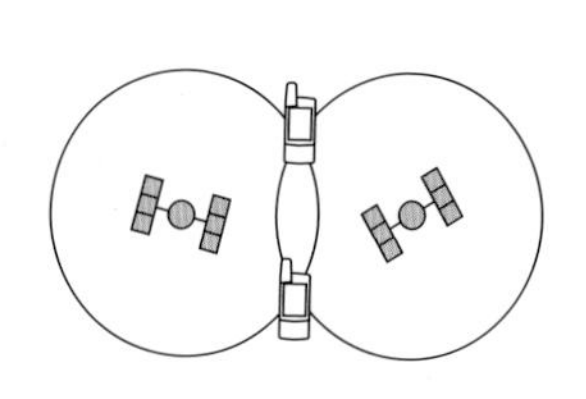

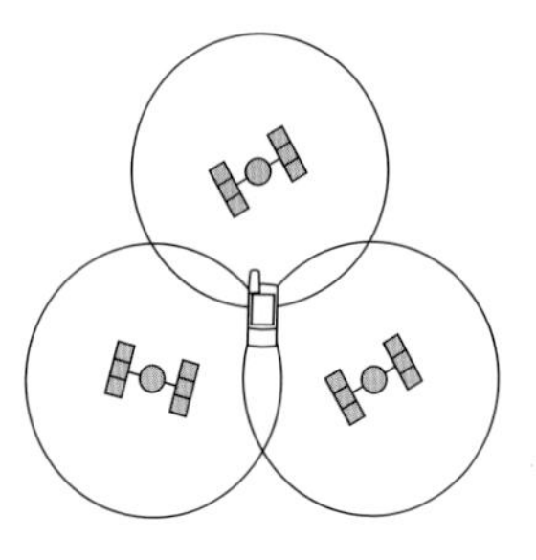

Allerdings ist eine derartige 2-D-Bestimmung meist weder besonders genau – die Abweichungen können 100 Meter und mehr betragen –, noch kann damit die Höhe ermittelt werden.

Erst mit einer 3-D-Bestimmung, d. h. wenn Ihr Gerät vier oder mehr Satelliten empfängt, steigt die Genauigkeit: Freie Sicht zum Himmel vorausgesetzt, lässt sich die Position auf 10 bis 15 Meter, die Höhe auf 15 bis 20 Meter genau festlegen.

GPS wurde ursprünglich unter dem Namen NAVSTAR (**N**avigation **S**ystem for **T**iming **a**nd **R**anging) vom US-amerikanischen Verteidigungsministerium für militärische Zwecke entwickelt. Es ist zwar das bekannteste, aber nicht das einzige Satelliten-Navigationssystem. Derzeit sendet auch das russische GLONASS, allerdings auf einer für GPS-Geräte nicht nutzbaren Frequenz. In Europa befindet sich mit Galileo ein weiteres System im Aufbau, das 2012 voll funktionsfähig sein soll.

Was bietet GPS?

GPS bietet Möglichkeiten, die weit über die traditionelle Orientierung mit Karte, Kompass und Höhenmesser hinausgehen. Der Satellitenempfänger ermittelt auf Knopfdruck innerhalb von Sekunden seine Position. Weltweit, zu jeder Zeit. Auch bei dichtem Nebel, stockdunkler Nacht oder heftigem Schneetreiben.
Im Gegensatz zum Kompass bilden nicht Kurswinkel, sondern **Koordinaten** wie z. B. die geografische Länge und Breite die Basis der GPS-Navigation. Sie legen die Lage eines Punktes auf der Erdoberfläche genau fest und können im Gerät als **Wegpunkt** gespeichert werden (siehe Kapitel »Auf Tour mit GPS«). GPS-Geräte geben auch Positionen immer in Form von Koordinaten an. Die müssen Sie nur in eine Karte übertragen und schon kennen Sie Ihren Standort.

Wo immer Sie auch sind, GPS zeigt Ihnen stets die Richtung zum Ziel.

Das funktioniert natürlich auch umgekehrt: So können Sie beispielsweise die Koordinaten Ihres nächsten Wanderziels aus der Karte bestimmen, ins Gerät eingeben und als Ziel auswählen (siehe ebenfalls Kapitel »Auf Tour mit GPS«). Das Besondere dabei: Der Satellitenempfänger zeigt nicht nur ständig Ihren Standort an, sondern mit einem kleinen **Pfeil im Display** auch die jeweilige Richtung zum Zielpunkt. Selbst dann, wenn Sie ein Hindernis umgehen – egal ob See, Felsabbruch oder Gletscherspalte. Mit Kompass ein aufwendiges, mühsames Unterfangen, mit GPS ist ein Verlaufen ausgeschlossen!
Doch GPS bietet noch einiges mehr. So können Sie Touren schon zu Hause als **Routen** planen (siehe Kapitel »Auf Tour mit GPS«). Mit Routen legen Sie den Verlauf einer Tour durch eine Reihe von Wegpunkten fest. GPS führt Sie dann von Punkt zu Punkt bis ans Ziel. Viele Geräte lassen sich zudem mit speziellen Karten füttern, auf denen Sie unterwegs mit einem Blick Ihren Standort ablesen können.
Auf Tour fungiert Ihr Gerät als ein überaus vielseitiger »**Tacho**«, der nicht nur die Geschwindigkeit, die zurückgelegte Strecke und die jeweilige Höhe anzeigt. Ihr Satellitenguide verrät Ihnen beispielsweise auch, wie weit Sie noch vom Ziel entfernt sind und ob Sie vor Einbruch der Dunkelheit dort eintreffen (siehe Kapitel »Erste Schritte«).
Damit nicht genug: Unterwegs zeichnet der GPS-Empfänger auf Wunsch Ihren Weg als **Track** auf (siehe Kapitel »Auf Tour mit GPS«). Mit der Funktion »Trackback« bringt Sie der Satellitenguide sogar auf dem gleichen Weg wieder zurück zum Startpunkt. Im Notfall ein immenser Vorteil: Müssen Sie eine Tour wegen Schlechtwetter abbrechen, finden Sie selbst in unübersichtlichem, weglosem Gelände schnell wieder zurück. Schneller als mit jedem Kompass! Tracks bilden auch eine exzellente Grundlage für Touren, können Sie mit der elektronischen Wegaufzeichnung doch ebenso navigieren wie mit Routen, z.B. wenn Sie eine Tour wiederholen. Selbst aufgezeichnete Tracks lassen sich zudem auf vielfältige Weise am PC auswerten, unter anderem mit Höhen- und Steigungsprofil (siehe Kapitel »GPS & PC«).

GPS – Für wen?

GPS ist vielseitiger als jedes andere Navigationsmittel. Nachfolgend einige Beispiele, wie Sie als Wanderer, Biker oder Paddler davon profitieren können.

Wanderer, Bergsteiger & Trekker Auf gut markierten Wegen bedeutet GPS vor allem mehr Komfort und Sicherheit: z. B. wenn man sich verlaufen hat oder, von der Dunkelheit überrascht, nur mit Mühe und Umwegen zur Hütte oder zurück zum Auto findet. Auch im Falle eines Unfalls trifft Hilfe schneller ein, wenn Sie die genauen Koordinaten Ihres Standorts durchgeben können.
Offensichtlich sind die Vorteile von GPS in weglosem Gelände, wo man sich seine Route selbst suchen muss. Mit GPS fällt die Orientierung wesentlich leichter, vor allem bei schlechtem Wetter, wenn Nebel oder Schneetreiben die Sicht beeinträchtigen. Die Navigation mit Karte, Kompass und Höhenmesser wird dann schnell unmöglich. Haben Sie schon einmal versucht, im Nebel über einen Gletscher zurück zur Hütte zu finden? Oder auf einer Skitour im Schneesturm den Weg verloren? Schlimmstenfalls bleibt ohne GPS nichts anders übrig als zu biwakieren und auf

In der Wildnis zeigt GPS seine Stärken.

Wetterbesserung zu hoffen. Mit GPS können Sie weitermarschieren und die schützende Unterkunft erreichen.

Radfahrer & Mountainbiker Nichts nervt mehr auf Touren als das ständige Stop-and-Go an jeder Kreuzung. Rechts? Links? Geradeaus? Selbst wer nach Führer fährt, mit Roadbook oder Tourenbeschreibung, ist kaum besser dran. Auch dann heißt es zur Orientierung: anhalten und nachschauen. Und hat man einmal die richtige Abzweigung verpasst, findet man oft nur mit viel Spürsinn wieder zurück auf die richtige Route. Überlassen Sie GPS die Führung: Der Satellitenguide informiert über jede Abzweigung und die Entfernung dorthin. Verfahren (nahezu) ausgeschlossen!

Paddler Wer stets wissen möchte, in welcher Schleife er gerade paddelt, muss seinen Weg ständig auf der Karte verfolgen. Auf einem Fluss mag das noch relativ leicht sein, auf der endlosen Weite eines ausgedehnten Sees oder entlang von Küsten wird die Standortbestimmung schon schwieriger, selbst mit Kompass. Mit GPS genügt ein Knopfdruck, um zu wissen, wo man ist.
Auch das Ansteuern eines bestimmten Anlandeplatzes, vor allem über große Entfernung, erfordert einiges Geschick. Bei Nacht und Nebel ohne GPS unmöglich, mit GPS dagegen kein Problem!

Grenzen und Genauigkeit

Wie schon erwähnt, erreicht man mit GPS eine **Genauigkeit von 10 bis 15 Metern**, ideale Bedingungen vorausgesetzt. Und doch: GPS hat auch Grenzen. In der Praxis beeinflussen eine Reihe von Faktoren die Genauigkeit, mit der sich auf einer Wanderung, Bike- oder Paddeltour die Position ermitteln lässt.

Abschattung Satellitensignale können feste Materie wie Fels, Holz, Beton oder Metall und auch den menschlichen Körper nicht durchdringen. In engen Tälern und in Schluchten werden deshalb nicht immer genügend Satelliten für eine Positionsbestimmung empfangen. Auch im dichten Wald treten bisweilen Empfangsprobleme auf, vor allem bei Regen, wenn nasse Blätter und Nadeln die Signale verstärkt reflektieren. Doch solche Situationen sind bei modernen Geräten die Ausnahme und lassen sich meist rasch beheben (siehe Kapitel »Erste Schritte«).

Optimal: Gleichmäßig am Himmel verteilte Satelliten.

Satellitengeometrie Je mehr Satelliten ein Gerät empfängt, desto genauer fällt die Positionsbestimmung aus. Dabei kommt es jedoch nicht allein auf die Zahl der Satelliten an, sondern auch auf ihre Anordnung. Optimalerweise befindet sich ein Satellit im Zenit, also direkt über dem Gerät, während die anderen gleichmäßig am Himmel verteilt sind. Stehen die Satelliten dagegen eng beisammen oder gar in einer Reihe, liegen ungünstige Verhältnisse vor, die zu größeren Ungenauigkeiten führen können.

Unterwegs hilft Ihnen die Satellitenseite Ihres Geräts, einen möglichst guten Empfang sicherzustellen.

Mehr dazu im Kapitel »Erste Schritte«.

Schlecht: In Reihe angeordnete Satelliten.

Multipath-Effekt (Mehrwegausbreitung)

Je nach Gelände empfangen GPS-Geräte auch Signale, die an glatten Flächen wie Häuser- oder Felswänden reflektiert wurden. Im Vergleich zu Signalen, die auf direktem Weg das Gerät erreichen, sind sie länger unterwegs, was zu kleineren Ungenauigkeiten führt.

Wichtig!

Um den Fehler zu minimieren, sollten Sie möglichst etwas Abstand von Fels- und Häuserwänden sowie anderen reflektierenden Flächen halten.

Selective Availability (S/A) Für die größte Ungenauigkeit war lange Zeit die Selective Availability (S/A) verantwortlich, die künstliche Verfälschung für zivile Empfänger

Reflektierte Signale mindern die Genauigkeit.

durch das US-Militär. Die Genauigkeit lag bei 100 Meter oder schlechter. Inzwischen gehört die S/A der Vergangenheit an, wurde sie doch im Mai 2000 abgeschaltet. Die Genauigkeit für zivile Nutzer stieg damit schlagartig auf 10 bis 15 Meter. Heute kommt die S/A allenfalls noch in Krisenregionen zum Einsatz, dann allerdings nur für begrenzte Zeit.

WAAS und EGNOS Die Genauigkeit von GPS lässt sich durch den Empfang von EGNOS (**E**uropean **G**eostationary **N**avigation **O**verlay **S**ervice) bzw. WAAS- (**W**ide **A**rea **A**ugmentation **S**ystem) noch steigern. Dabei handelt es sich um spezielle Korrektursignale, die über stationäre Satelliten ausgesendet werden.
Beide Systeme sind kompatibel und lassen sich inzwischen mit nahezu allen Outdoor-GPS-Geräten nutzen. **Bei Empfang steigt die Genauigkeit auf 1 bis 3 Meter für die Position bzw. 2 bis 4 Meter für die Höhe.** Allerdings senden EGNOS-Satelliten nur für Europa, WAAS-Satelliten nur für Nordamerika gültige Daten. Doch keine Sorge: Moderne Geräte wählen selbstständig die je nach Region passenden Signale aus.

Info!

WAAS- und EGNOS-Empfang können Sie leicht auf der Satellitenseite Ihres Gerätes erkennen (siehe Kapitel »Erste Schritte«). Die entsprechenden Satelliten sind meist durch ein »w«, einen Stern oder wie bei Garmin mit einem »D« im Signalbalken gekennzeichnet.
Oft wird WAAS/EGNOS-Empfang zusätzlich durch eine Meldung angezeigt.
Allerdings sollten Sie keine zu hohen Erwartungen an EGNOS (bzw. WAAS) stellen. Da es für die Luftfahrt entwickelt wurde, stehen alle Satelliten relativ niedrig am südlichen Horizont und sind deshalb oft nur in freiem Gelände zu empfangen. Um das Signal nutzen zu können, muss das Gerät jedoch **ständig** Kontakt zu den Korrektursatelliten halten.

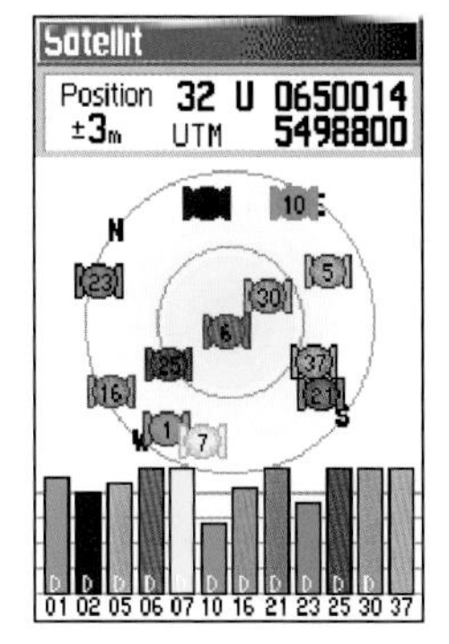

Satellitenseite mit EGNOS-Empfang (Satellit 37), erkennbar am »D« im Signalbalken.

GPS-Geräte

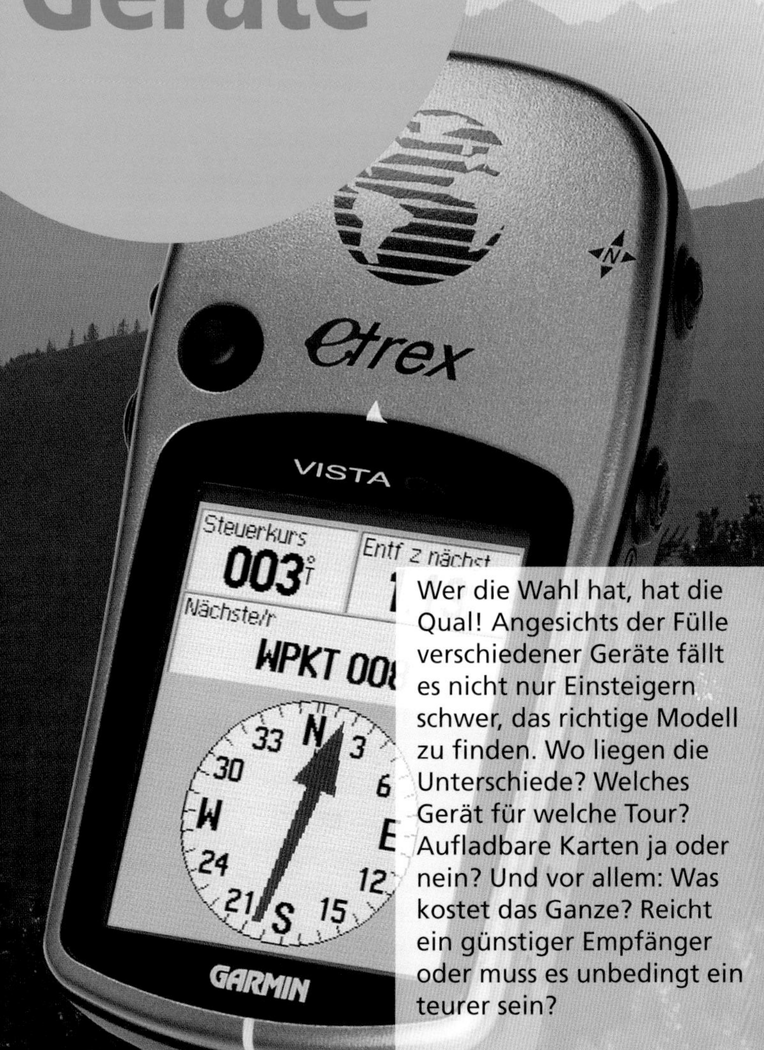

Wer die Wahl hat, hat die Qual! Angesichts der Fülle verschiedener Geräte fällt es nicht nur Einsteigern schwer, das richtige Modell zu finden. Wo liegen die Unterschiede? Welches Gerät für welche Tour? Aufladbare Karten ja oder nein? Und vor allem: Was kostet das Ganze? Reicht ein günstiger Empfänger oder muss es unbedingt ein teurer sein?

Funktionen

Einsteiger dürfen sich freuen: Bereits günstige Geräte für ca. 130–160 € verfügen über alle notwendigen Grundfunktionen, von GoTo (siehe Kapitel »Auf Tour mit GPS«) über Routennavigation bis hin zu Trackaufzeichnung und Trackback.

Tipp!

Achten Sie beim Kauf darauf, dass das Gerät auch über die Funktion Wegpunkt-Projektion verfügt. Dann können Sie sogar Karten ohne Gitter für die GPS-Navigation nutzen (siehe Kapitel »Auf Tour mit GPS«).

So ausgestattet, sind Sie jeder Tour gewachsen, der Wanderung im heimischen Mittelgebirge ebenso wie der Trekkingtour im Himalaja.

Und doch gibt es Unterschiede: Geräte der gehobenen Preisklasse besitzen oft eine komfortablere und vielseitigere Menüführung, z. B. eine effektivere Suchfunktion für Wegpunkte. Auch kann man meist vorwärts und rückwärts durch die Menüseiten blättern und nicht, wie bei einfachen Geräten, nur in eine Richtung.

Info!

»Spielen« Sie beim Kauf ruhig etwas mit dem Gerät. Nur so merken Sie, mit welchem Modell Sie am besten zurechtkommen. Im Demo-Modus können Sie alle Funktionen auch ohne Empfang ausprobieren.

Empfang

Empfangsleistung Auch in punkto Empfangsleistung und Genauigkeit muss man bei preiswerteren Geräten kaum Abstriche machen. So kann das günstige Garmin Geko 201 (157 €) durchaus mit teureren Modellen um 300–400 € mithalten.

Klare Vorteile bieten nur High-End-Modelle ab ca. 550 €, insbesondere die neueste Gerätegeneration von Garmin mit SiRFstarIII-Empfängerchip (z. B. GPSmap 60Cx/CSx). Mit einem derartigen Gerät navigiert man sogar in engen Schluchten und im dichten Wald zuverlässig. Andere Modelle kämpfen dort bisweilen mit Empfangsproblemen.

Empfangskanäle Zwölf Empfangskanäle sind heute Standard, 14 oder mehr wie bei Magellan und Lowrance nicht unbedingt erforderlich: In der Praxis empfängt man selten mehr als zehn bis elf Satelliten gleichzeitig.

Essenziell für guten Empfang: Die richtige Gerätehaltung, links mit Helix-, rechts mit Patch-Antenne.

Antenne Eine untergeordnete Rolle spielt auch der Antennentyp. **Patch- oder Flachantennen** sind meist gut geschützt im Gehäuse untergebracht, während die stabförmigen **Quadrifilar-Helix-Antennen** – wie z.B. bei der

Garmin GPSmap60-Familie – auch außen sitzen können. Die Unterschiede zwischen beiden Typen sind gering.

Wesentlich mehr kommt es auf die korrekte Haltung des Geräts an: Modelle mit Patch-Antenne hält man waagrecht, Geräte mit Helix-Antenne aufrecht bis schwach geneigt.

Gehäuse

Outdoor-Geräte müssen einiges aushalten: Hitze, Regen, Kälte, Schnee und manchmal fallen sie vielleicht sogar auf den Boden. Doch keine Bange: Egal ob günstig oder teuer, alle Modelle stecken gut geschützt in robusten, schlagfesten

Kunststoffgehäusen und sind **bis 1 Meter wasserdicht** (Wasserfestigkeitsklasse IPX7).
Trotzdem sollten Sie auf Paddeltouren das gute Stück zur Sicherheit in eine wasserdichte Schutzhülle stecken, im turbulenten Wildwasser und bei Salzwasser ohnehin ein Muss. Geeignete Beutel bietet zum Beispiel Ortlieb an. Zudem empfiehlt sich für Paddler ein schwimmfähiges Gerät wie das Garmin GPSmap 76Cx.

Display

GPS-Geräte besitzen nahezu ausnahmslos grafische **LCD-Displays** (**L**iquid **C**rystal **D**isplay), die sich bei Dunkelheit beleuchten lassen. LCDs verkraften zwar große Hitze (bis 60 °C), sind aber empfindlich gegen Kälte. Bei fallenden Temperaturen wird die Anzeige zunehmend träger, bis sie schließlich bei –10 bis –15 °C verblasst. Was nicht weiter schlimm ist: Zurück im Warmen, erscheint die Anzeige wieder. Erst Temperaturen jenseits von ca. –18 °C machen dem Display endgültig den Garaus.

Und wenn der Regen noch so prasselt: Moderne GPS-Geräte bleiben dicht!

Bei Frost das Gerät deshalb immer am Körper in der Tasche tragen und nur zur Navigation herausnehmen.

Während Basis-Modelle mit schlichten Schwarz-Weiß- oder Graustufenbildschirmen ausgestattet sind, verfügen höherpreisige Geräte über ein hochauflösendes Farbdisplay. Was bei guter (!) Qualität klare Vorteile hat, vor allem die Darstellung von Karten ist wesentlich übersichtlicher. Farbdisplays sollten sich bei Tag auch **ohne** eingeschaltete Beleuchtung ablesen lassen – leider keine Selbstverständlichkeit.

Beim Kauf deshalb das Display unbedingt vor dem Geschäft ausprobieren, am besten in der Sonne. Hier bestehen enorme Unterschiede.

Basiskarten (Basemaps)

Einfache Modelle zeigen auf einer speziellen Kartenseite nur die aktuelle Position, Wegpunkte, Routen und Tracks, quasi als eine Art Wegskizze (siehe Kapitel »Erste Schritte«). Doch bereits viele Geräte ab ca. 200 € verfügen über eine fest installierte **Basiskarte**, d. h. eine einfache Übersichtskarte mit den wichtigsten Ortschaften, Straßen und Flüssen. Basiskarten reichen zwar für die Groborientierung aus, nicht aber für Outdoor-Touren.
Einige Einsteiger-Modelle von Garmin wie z. B. das GPS 60 oder das GPS 72 besitzen statt einer Basemap eine weltweite **Städtedatenbank**. Alle verzeichneten Orte werden auch auf der Kartenseite als Punkte angezeigt.

Aufladbare Karten

Wer Karten auf sein Gerät laden will, muss keineswegs mehr ausgeben. Der Einstieg beginnt ebenfalls bei rund 200 €. Eine Investition, die sich lohnt, bieten doch Garmin und Magellan neben Straßen- auch topografische, also wander- und biketaugliche Karten an. Ebenso sind – interessant für See-Kajaker – nautische Karten erhältlich. Aufladbare Karten machen die Orientierung mit GPS noch einfacher, kann man seine Tour damit doch wie auf einer gedruckten Karte verfolgen. Ein Blick auf das Display genügt und man weiß, wo man ist.

Speicherprobleme gehören mit wechselbaren Speicherkarten der Vergangenheit an.

Trotzdem: So komfortabel aufladbare Karten auch sind, unbedingt nötig sind sie nicht. Mit GPS kann man problemlos auch ohne sie navigieren. Zumal sich mit einem nicht kartenfähigen Modell bei sonst gleichem Funktionsumfang mehr als 100 € sparen lassen.

Speicher

GPS-Geräte speichern Karten und Daten, also Wegpunkte, Routen und Tracks, auf unterschiedliche Art:

- entweder in einem **internen Speicher** oder
- auf **wechselbaren Speicherkarten**, wie man sie von Digitalkameras und Handys kennt.

Datenspeicher Jedes Modell, egal zu welchem Preis, besitzt einen internen Speicher für Wegpunkte, Routen und Tracks (Datenspeicher). Je nach Preislage des Geräts können Sie wie z. B. beim Magellan explorist 400/500/600 zusätzlich Daten auf Speicherkarten ablegen (SD-, MMC-, CF- oder Micro-SD-Karten). Vorsicht bei Garmin »x-Modellen«: Die Speicherkarte bleibt bislang ausschließlich Karten und Track-Log-Aufzeichnungen vorbehalten (siehe dazu Kapitel »Auf Tour mit GPS«).
Generell gilt: Teuere Geräte speichern mehr, das Topmodell Garmin GPSmap 60CSx z. B. rund doppelt so viele Wegpunkte, Routen und Tracks wie das Geko 201.
Doch solange Ihr Gerät mindestens 500 Wegpunkte, 20 Routen (zu je mindestens 50 Wegpunkten) und 10 Tracks aufnimmt – heute eigentlich selbstverständlich –, sind Sie selbst für zwei- bis dreiwöchige Touren gut gerüstet.

Info!

Auch günstige Geräte speichern für die meisten Touren ausreichend Wegpunkte, Routen und Tracks.

Kartenspeicher Preiswerte und auch ältere Geräte verfügen meist über einen internen, relativ kleinen Speicher für Karten. So bieten die 24 MB des Garmin eTrex Vista gerade einmal Platz für die Bayerischen Alpen. Damit wird klar: Bei Modellen mit wenig Speicher muss öfter der Kartenausschnitt gewechselt werden, was lästig ist, wenn man gerne in verschiedenen Regionen Touren unternimmt. Auch kommt ein kleiner Speicher schnell an seine Grenzen, falls man gleichzeitig Straßenkarten für die Anfahrt übertragen will.
Höherpreisige Modelle (ab ca. 300 €) setzen deshalb auf wechselbare Speicherkarten. Damit steht quasi unbegrenzt Speicherplatz zur Verfügung: Auf Garmin »x-Modelle« lässt sich z. B. mit einer 1 GB-Karte problemlos die gesamte MapSource Topo Deutschland schaufeln. Reicht eine Speicherkarte nicht aus, lädt man weitere Ausschnitte auf eine zweite. Auch kann man Karten verschiedener Regionen auf verschiedene Speicherchips übertragen: Wer z. B. im Urlaub in die Schweiz fährt, wechselt einfach die Speicherkarte.

Weitere Funktionen

Zusatzfunktionen wie Kompass und Höhenmesser bestimmen ebenfalls maßgeblich den Gerätepreis. Der Vorteil: Der **Kompass** zeigt auch im Stand die Richtung zum Ziel an. Das können andere GPS-Modelle nur, wenn man in Bewegung ist. Natürlich lassen sich mit dem Kompass auch einfache Peilungen durchführen, allerdings ersetzt er keinen Spiegelkompass.
Ein integrierter **Höhenmesser** ermittelt nicht nur die Höhe genauer als GPS, sondern fungiert dank Barometerfunktion auch als mobile Wetterstation.

Achtung!

Doch Vorsicht: So praktisch solche »All-in-one«-Modelle sind: Fällt das Gerät aus, steht man ohne jede Navigationshilfe da. Auch verbraucht der Kompass viel Strom. Deshalb nur anschalten, wenn unbedingt nötig!

Modelle der gehobenen Preisklasse klotzen mit weiteren Funktionen, beispielsweise mit **Routing**: Das Gerät mutiert mittels aufladbarer Straßenkarten wie MapSource City Navigator von Garmin oder MapSend Direct Route von Magellan zum Autonavigationssystem, wenn auch ohne Sprachansage (siehe Kapitel »GPS & PC«).

PC-Anschluss

Selbst mit preisgünstigen Modellen stehen Ihnen alle Möglichkeiten der Tourenplanung am Computer offen. Ein PC-Anschluss ist – von wenigen Ausnahmen abgesehen – selbstverständlich. Inzwischen gibt es ein breites Angebot an digitalen Karten und Programmen. Einige Klicks mit der Maus und schon steht die Tour. Mehr dazu im Kapitel »GPS & PC«.

Stromversorgung

Die meisten GPS-Geräte benötigen zwei Mignon-Batterien, einige kompakte Modelle wie das Garmin Geko auch zwei Micro-Batterien. Egal welche Größe, Batterien können Sie problemlos durch **Akkus** ersetzen. Am besten mit Nickel-Metallhybrid-Zellen (Kapazität 2000 mAh oder mehr), die nicht nur umweltfreundlicher, sondern auch wesentlich ausdauernder als Nickel-Cadmium-Akkus sind.
Je nach Gerät reicht ein Satz Alkali-Mangan-Batterien bzw. Akkus für ein bis zwei Tage Dauerbetrieb, wobei neuere Modelle länger durchhalten. Tipp für große Kälte: **Lithium-Batterien**, die nicht nur bis –40 °C einsatzfähig bleiben, sondern außerdem deutlich länger durchhalten als Akkus oder Alkali-Mangan-Zellen.
Inzwischen sind auch Geräte mit fest eingebautem **Lithium-Ionen-Akku** auf dem Markt, z. B. das Garmin Foretrex 201. Für lange Touren ohne Lademöglichkeit

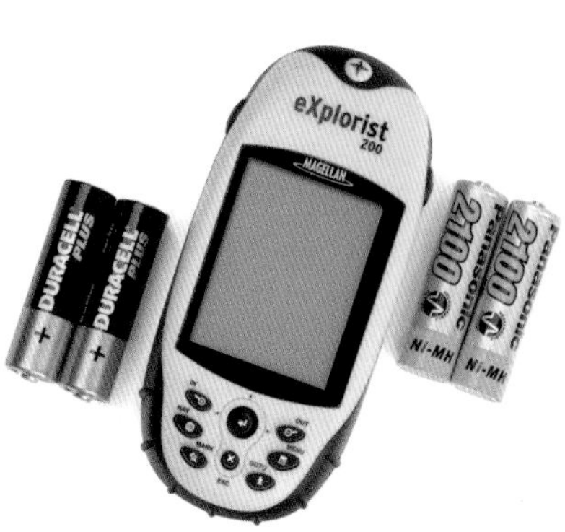

GPS-Geräte lassen sich problemlos auch mit Akkus betreiben.

eignen sie sich allerdings nicht. Das gilt selbst für Magellan eXplorist-Modelle, bei denen man den Akku wechseln kann.

Zubehör

Egal ob Bikehalter, Gürtelclip oder Schutztasche: Zu jedem Gerät gibt es umfangreiches Zubehör. Nicht nur vom Hersteller: Preisgünstige Bikehalter bieten z.B. auch GPS24 oder Bikertech an (siehe Anhang).

Umfangreich: Das Angebot an Bikehaltern.

Welches Gerät für welche Tour?

Wie auch immer Sie sich entscheiden: Jedes Gerät eignet sich grundsätzlich für jede Tour, egal ob Wander-, Trekking- oder Skitour, egal ob Rad- oder Mountainbike-Tour. Als Paddler sollten Sie eventuell auf ein schwimmfähiges Gerät achten.
In der Regel wird die Entscheidung vom Geldbeutel oder den persönlichen Präferenzen bestimmt sein. Große Modelle bieten z.B. ein übersichtlicheres Display (vor allem bei aufgeladenen Karten ein Vorteil) und auch mit Handschuhen leicht bedienbare Tasten. Alpinisten, denen es auf jedes Gramm weniger Gewicht ankommt, werden dagegen eher mit einem kompakten Gerät glücklich: z.B. aus der eTrex- und Geko-Reihe von Garmin oder mit einem eXplorist-Modell von Magellan.

Typ-Beratung

Die Preisspanne reicht bei Outdoor-GPS-Geräten von ca. 150 € für Einsteiger-Modelle bis zu rund 600 € für Spitzenempfänger. Doch wie viel GPS bekommt man für wie viel Geld? Vier beliebte Modelle sollen Ihnen beispielhaft zeigen, was Sie in der jeweiligen Preisklasse erwarten können.

Zusätzlich finden Sie im Anhang eine Tabelle mit den wichtigsten Gerätedaten.
Der Schwerpunkt liegt dabei bewusst auf Garmin, bietet der Marktführer derzeit mit über 20 Modellen doch die bei weitem größte und stimmigste Auswahl. Zu den weiteren Anbietern zählen Magellan, sowie Alan, Lowrance und Suunto (Multifunktionsuhr).
Auch bei GPS-Geräten sind die Preise stark in Bewegung. Besonders Modelle mit Graustufendisplay werden angesichts der steigenden Verbreitung von Farbbildschirmen zunehmend günstiger. Beim Kauf lohnt es sich durchaus, bei verschiedenen Händlern nachzufragen.
Schielen Sie dabei aber nicht nur auf den Preis: Für einen guten, kompetenten Service lohnt es sich allemal, ein paar Euro mehr auszugeben. Beispielsweise gibt es bei manchen Händlern einen kostenlosen Einführungskurs inklusive.

Die Basisklasse **Preis:** ca. 100–250 €

Preisgünstig, ausgestattet mit allen nötigen Navigationsfunktionen, überschaubare Menüführung – in der Basisklasse werden Einsteiger, gelegentliche Nutzer und Puristen fündig.

Beispiel Garmin Geko 201 (157 €)
Es dürfte das derzeit wohl kleinste und leichteste GPS-Handgerät auf dem Markt sein. Kleiner als jedes Handy, wiegt der mit zwei Micro-Batterien bestückte Winzling nur rund 90 Gramm. Ideal für Preis- und Gewichtsbewusste, die dafür das kleine Schwarz-Weiß-Display, die winzigen Tasten und die relativ kurze Batterielaufzeit (ca. 12 Stunden) in Kauf nehmen. Zumal der »Kleine« in punkto Empfangsleistung und Navigationsmöglichkeiten durchaus mit teureren Geräten mithalten kann. Dank PC-Anschluss steht auch der Tourenplanung und -auswertung mit digitalen Karten nichts im Wege.
Weitere Modelle: Garmin Geko 301; Garmin eTrex/eTrex Summit/Venture; Garmin GPS 60, GPS 72; Magellan eXplorist 100/200/300

Winzling: Garmin Geko 201

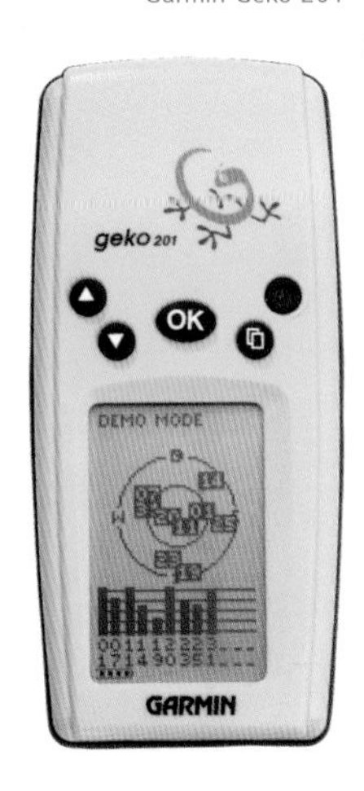

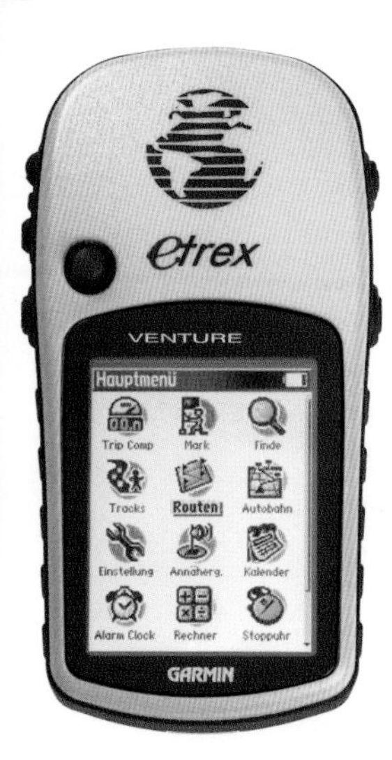

Schnäppchen:
Garmin eTrex Venture Cx

Die Mittelklasse **Preis:** ca. 225–525 €

Versierte User und preisbewusste Vielnutzer, die bereits mit den Finessen der GPS-Navigation vertraut sind, finden hier das richtige Gerät. Zumal die Golfklasse nicht nur das beste Preis-Leistungs-Verhältnis bietet, sondern auch die Möglichkeit Karten aufzuladen.

Beispiel Garmin Venture Cx (299 €)
Garmins eTrex-Familie ist eine der erfolgreichsten GPS-Reihen. Kein Wunder, stellen die kompakten Modelle doch einen gelungenen Kompromiss aus Größe, Gewicht und akzeptabler Displaygröße dar, der bei Wanderern, Bikern und Paddlern gleichermaßen gut ankommt. Was besonders für das Venture Cx gilt. Die Fakten: exzellentes Farbdisplay, dank Micro-SD-Karten (bis 1 GB) üppiger Speicher für aufladbare Karten, sehr guter Empfang und übersichtliche Menüführung. Das fehlende PC-Kabel lässt sich verschmerzen, kann man stattdessen doch jedes normale USB-Kabel verwenden. Das perfekte GPS-Gerät? Fast: Mit den seitlichen Tasten, ein Zugeständnis an die Größe, kommt nicht jeder klar. Ausprobieren!

Die Alternative:
Magellan eXplorist 500

Beispiel Magellan eXplorist 500 (458 €)
Magellans kompakte Antwort auf die eTrex-Modelle von Garmin. Fein: Dank wechselbarer SD-Karten kann man quasi unbegrenzt Karten auf den eXplorist schaufeln, zumal Magellan auch eine Deutschland-Topo führt. Weiteres Plus: die vielseitige Datenverwaltung im Windows-Explorer-Stil. So lassen sich z. B. alle Wegpunkte, Routen und Tracks eines Gebiets in eigenen Ordnern speichern. Allerdings ist der eXplorist recht langsam, egal ob beim Aufbau

der Menüseiten (vor allem der Kartenseite!) oder beim Speichern von Wegpunkten. Auch sind die winzigen Tasten mit Handschuhen kaum zu bedienen.
Weitere Modelle: Garmin eTrex Vista Cx/Legend Cx, Garmin eTrex Legend/Vista; Garmin GPSmap 60; Garmin GPSmap 76/76S; Magellan eXplorist 210/400/600; Alan Map 500/600, Silva Multinavigator

Die Oberklasse **Preis:** ca. 525–600 €

»Niemals ohne GPS!« ist Ihr Motto. Wer Wert auf überragenden Empfang und Funktion pur legt, liegt in der Preisklasse ab 525 € richtig.

Beispiel Garmin GPSmap 60CSx (609 €)
609 € für einen GPS-Empfänger? Lohnt sich der Aufpreis zu einem exzellent ausgestatteten Mittelklassemodell wie dem Venture Cx? Durchaus, setzt der edle GPS-Empfänger dank SiRFstarIII-Chip doch Maßstäbe in punkto Empfang: Enge Canyons oder dichter Laubwald? Mit dem GPSmap 60CSx kein Problem! Vorteil auch bei Bedienung und Ausstattung: einmal durch das größere, etwas hellere Display, zum anderen durch die auf der Vorderseite platzierten, beleuchteten Tasten.
Zu den weiteren Extras gehören Kompass und Höhenmesser. Bei Kälte lässt sich zudem eine externe Antenne anschließen: Das Gerät bleibt gut geschützt in der warmen Tasche, während die Außenantenne den Empfang sicherstellt. Schließlich fungiert das GPSmap 60CSx – wie auch viele Mittelklassegeräte – mit Garmin City-Navigator-Karten sogar als Autonavigationssystem, allerdings ohne Sprachansage.
Weitere Modelle: Garmin GPSmap 60Cx; Garmin GPSmap 76Cx/76CSx

Alleskönner: Garmin GPSmap 60CSx

Koordinaten & Kartengitter

GPS zeigt Ihnen zwar die Richtung zum Ziel, nicht aber den besten, optimal an das Gelände angepassten Weg dorthin. Den finden Sie nur auf der Karte, die auch im Zeitalter von GPS die Grundlage für jede Tourenplanung bleibt. Doch wie kommt Ihre sauber ausgearbeitete Tour von der Karte ins GPS-Gerät? Mithilfe von Koordinaten!

Kartengitter

Blickt man auf eine moderne Karte, fällt sofort ein Netz aus waagrechten und senkrechten Linien auf, die auf das Kartenbild gedruckt und am Rand mit Ziffern bezeichnet sind: das Kartengitter (siehe Abb. S. 34). Dahinter verbirgt sich nichts anders als ein Koordinatensystem, mit dem man die Lage jedes Punktes (d.h. seine Koordinaten) auf der Karte bzw. der Erdoberfläche eindeutig festlegen kann.
Auch GPS-Geräte geben Positionen immer in Form von Koordinaten an, z.B. 38°56,34'N; 134°23,45'E oder 32U 0634563; 5192837. Erst wenn Sie die in eine Karte übertragen, wissen Sie, wo genau Sie gerade sind. Das funktioniert natürlich auch umgekehrt: So können Sie z.B. die Koordinaten der nächsten Hütte aus der Karte bestimmen, ins Gerät eingeben und als Ziel auswählen. Koordinaten bilden das Bindeglied zwischen GPS-Gerät und Karte.
Wer mit GPS navigieren will, muss deshalb Grundkenntnisse im Umgang mit Kartengittern besitzen.

Das geografische Gitter

Das bekannteste Koordinatensystem ist sicherlich das geografische Gitter, das wohl jeder vom Globus kennt. Ein Netz aus 180 Breiten- und 360 Längengraden überzieht dabei die Erdkugel. Die **Breitenkreise** verlaufen in Ost-West-Richtung, parallel zum Äquator und besitzen stets den gleichen Abstand voneinander. Beginnend am Äquator (0°), zählt man zu den Polen hin je 90 Breitenkreise nach Norden und nach Süden (nördliche bzw. südliche Breite).
Die Längenkreise, auch **Meridiane** genannt, erstrecken sich ausgehend von den geografischen Polen in Nord-Süd-Richtung. Der Nullmeridian verläuft dabei durch die ehemalige Sternwarte von Greenwich in Südengland. Von dort aus zählt man jeweils 180 Längengrade nach Osten und nach Westen (östliche bzw. westliche Länge).

Das geografische Gitter.

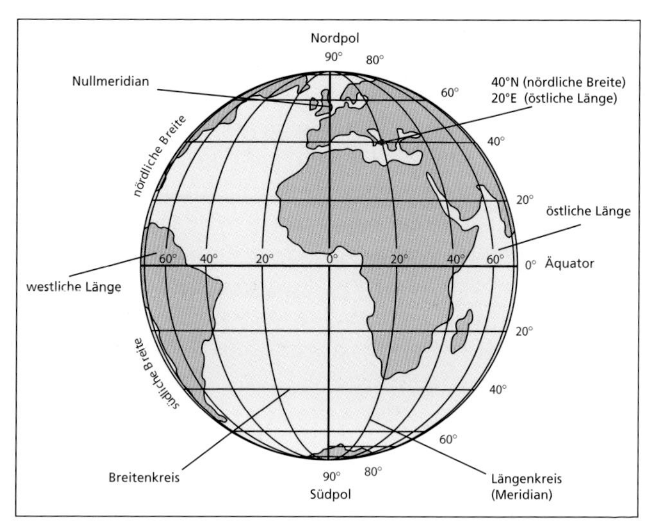

Im Gegensatz zu den Breitenkreisen variiert der Abstand zwischen den Längengraden: Am Äquator ist er am größten, an den Polen, wo alle Längenkreise zusammenlaufen, geht er gegen null. Das geografische Gitter bildet also ein Netz aus Trapezen, deren jeweils kürzeste Seite zu den Polen zeigt.
Um die Lage eines Punktes im geografischen Gitter zu beschreiben, gibt man immer zuerst die Breite, dann die Länge an. Je nachdem, in welcher Hemisphäre man sich befindet, wird der Breite ein »N« (für Nord) oder ein »S« (für Süd), der Länge ein »E« (für East = englisch Ost) oder ein »W« (für West) nachgestellt, z. B. 47°N; 12°E.

Geografische Koordinaten Jedes Grad wird im geografischen Netz für exaktere Angaben in 60 (Winkel-) Minuten (»'«) und diese wiederum in 60 (Bogen-)Sekunden (»"«) unterteilt (ähnlich wie eine Stunde in Minuten und Sekunden). Die geografischen Koordinaten der Watzmann-Mittelspitze (Berchtesgadener Alpen) sind z. B. 47°33'15,7"N, 12°55'20,0"E.
Alternativ können die Angaben in Dezimalminuten gemacht werden, d. h. die Winkelminute wird dezimal weiter unter-

teilt (Watzmann 47°33,262'N; 12°55,333'E). Daneben gibt es als drittes Format die Angabe in Dezimalgrad (Watzmann: 47,55436°N, 12,9222°E). Alle Schreibweisen lassen sich im GPS-Gerät einstellen.

Geodätische Gitter

Wenn Sie (zumindest in unseren Regionen) auf eine Karte gucken, werden Sie schnell feststellen, dass das geografische Gitter allenfalls am Kartenrand markiert wird (Abb. S. 34). Aufgedruckt dagegen ist ein Gitter, dessen Achsen exakt senkrecht aufeinander stehen: das **UTM-Gitter** (**U**niversal-**T**ransverse-**M**ercator-Gitter).
Für die Praxis hat das geografische Gitter einige Nachteile, z.B. erschweren die trapezförmigen Maschen das Ablesen von Koordinaten. Um diese Nachteile zu umgehen, wurden das UTM- und andere geodätische Gitter entwickelt. Wie erwähnt, stehen bei geodätischen Gittern die Linien in stets gleichem Abstand senkrecht aufeinander. Sie bilden also ein Netz aus gleich großen Quadraten. Die Koordinaten werden nicht in Grad, sondern in Kilometern bzw. Metern angeben. Der Vorteil: Mit einem solchen Gitter lassen sich nicht nur Positionen, sondern auch Entfernungen bestimmen.
Im Gegensatz zum geografischen Gitter gibt es eine Vielzahl von geodätischen Gittern. In Deutschland war z. B. lange Zeit das Gauß-Krüger-Gitter üblich. Inzwischen wurde es vom UTM-Gitter abgelöst, dem weltweiten Standard für die GPS-Navigation, der bereits auf vielen Karten zu finden ist.

Das UTM-Gitter

Grundlagen Die Gestalt der Erde gleicht einer Kugel. Will man ihre gewölbte Oberfläche in eine ebene Karte übertragen (»Kartenprojektion«), kommt es automatisch zu Verzerrungen. Um diese Verzerrungen möglichst gering zu halten, projiziert man die Erde nicht als Ganzes, sondern immer nur in »kleinen Portionen«.

Das lässt sich leicht an einer Orangenschale veranschaulichen. Versuchen Sie einmal, ein großes Stück Schale platt zu drücken: Die Ränder werden dabei immer einreißen, die Wölbung ist zu stark. Ein kleines Stück lässt sich dagegen viel eher ohne Risse flach pressen.
Beim UTM-Gitter bestehen die projizierten Häppchen aus in Nord-Süd-Richtung verlaufenden **Meridianstreifen**, vergleichbar den Scheiben einer Orange (siehe Abb. unten links). Jeder Streifen umfasst sechs Längengrade. Beginnend am 180. Längengrad, zählt man 60 Streifen nach Osten rund um die Erde, die man als **Zonen** bezeichnet. Ihre Mittel- oder Hauptmeridiane liegen jeweils bei 3°, 9°, 15° usw. östlicher bzw. westlicher Länge. Die Zone 32, in der sich Deutschland überwiegend befindet, erstreckt sich z. B. zwischen 6°E und 12°E, ihr Mittel- oder Hauptmeridian liegt bei 9°E.
Horizontal unterteilt man alle Zonen zwischen 80° Grad Süd und 84° Nord durch 20 **Breitenbänder**, die von Süd nach Nord mit den Buchstaben C bis X bezeichnet werden

Meridianstreifen im UTM-Gitter.

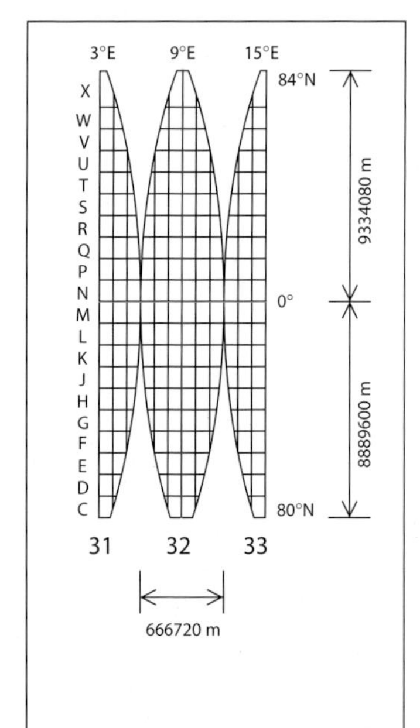

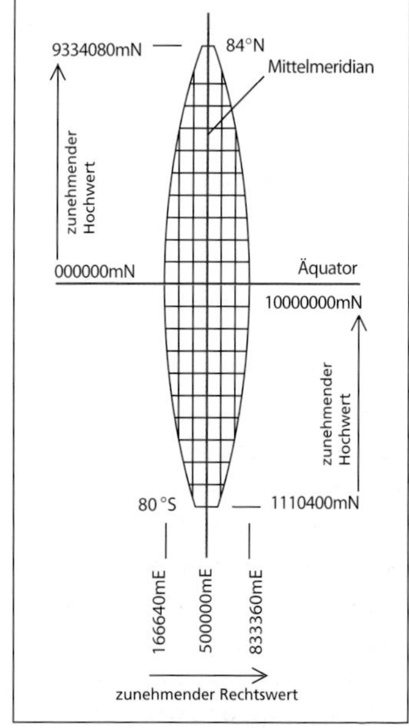

(I und O fehlen, um Verwechslungen mit den Ziffern 1 und 0 zu vermeiden). Felder zwischen C und M befinden sich auf der Südkugel, Felder zwischen N und X auf der Nordkugel. Die Polregionen jenseits von 84°N bzw. 80°S nimmt man aus, da dort die Verzerrungen zu stark wären.
Jedes Breitenband umfasst 8°. Einzige Ausnahme: Das Band X umspannt 12°, um Amerika und Asien vollständig ins UTM-Gitter mit einzubeziehen. Im so entstandenen Gitter ist jedes Feld durch die Zonennummer und den Buchstaben des Breitenbandes genau gekennzeichnet. Deutschland liegt z. B. größtenteils im Zonenfeld 32 U.

UTM-Koordinaten Jeder Punkt innerhalb einer UTM-Gitterzone wird durch seine Entfernung vom Schnittpunkt des jeweiligen Mittelmeridians mit dem Äquator festgelegt (siehe Abb. S. 32 rechts). Der **Rechts-** oder **Ostwert E** (»Easting«) gibt dabei den Abstand vom Mittelmeridian in Metern an, wobei immer von West nach Ost (»links nach rechts«) gezählt wird. Um negative Werte für Punkte westlich (»links«) des Mittelmeridians zu vermeiden, ordnet man dem Mittelmeridian jeder Zone nicht den Wert 0mE zu, sondern 500 000mE. Nach Osten wird die gemessene Entfernung vom Mittelmeridian also zu 500 000mE addiert, nach Westen von 500 000mE abgezogen. Ein Punkt mit Rechtswert größer 500 000mE befindet sich östlich des Mittelmeridians, einer mit Rechtswert kleiner 500 000mE westlich davon. Die Werte liegen dabei maximal zwischen 166 640mE und 833 360mE.
Ähnliches gilt beim **Hoch-** oder **Nordwert N**, der die Entfernung eines Punktes vom Äquator in Metern angibt. Auch hier zählt man nur in eine Richtung, nämlich von Süd nach Nord. Dem Äquator ordnet man dabei zwei Werte zu. Für die Nordhalbkugel wird er gleich 000 000mN gesetzt, der Hochwert liegt deshalb zwischen 0 000 000mN am Äquator und 9 334 080mN bei 84° Nord.

UTM-Gitter Deutschland.

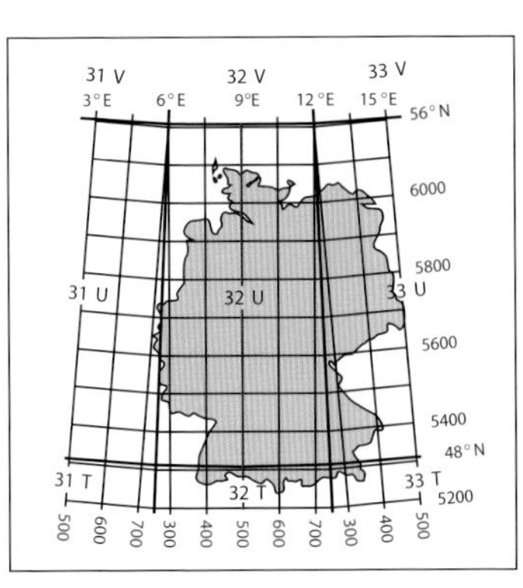

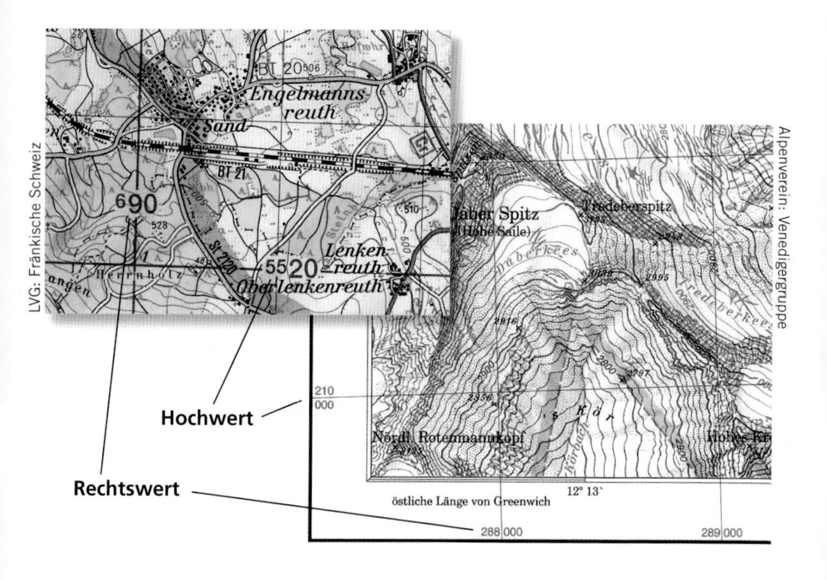

Das UTM-Gitter auf verschiedenen Karten.

Auf der Südhalbkugel gibt man dem Äquator den Wert 10 000 000 mN, wieder um negative Werte zu vermeiden. Den Hochwert erhält man, indem man die Entfernung eines Punktes vom Äquator von 10 000 000mN **abzieht**. Der Hochwert liegt somit zwischen 0 000 000mN am Äquator und 1 110 400mN bei 80° Süd (10 000 000mN minus 8 889 600m, siehe Abb. S. 32).

Das alles klingt ziemlich kompliziert, wird aber durch ein **Beispiel** schnell verständlich: Die Mittelspitze des Watzmanns in den Berchtesgadener Alpen liegt im Zonenfeld 33T und hat den Rechtswert 0 343 680mE, den Hochwert 5 268 863mN. Sie liegt somit 156 320 m (500 000 – 343 680) westlich (Wert kleiner 500 000mE) des Mittelmeridians der Zone 33 (15°E) und 5 268 863 m nördlich (Breitenband T) des Äquators.

Info!

Die Lage eines Punktes im UTM-Gitter wird also (in dieser Reihenfolge!) durch das Zonenfeld, den Rechts- und den Hochwert festgelegt, im Beispiel Watzmann: 33 T 0343 680mE, 5 268 863mN (oft 33 T 0343 680E; 5 268 863N oder 33 T 0343 680; 5 268 863 abgekürzt).

Koordinaten übertragen

Damit man die UTM-Koordinaten eines Punktes (oder die Koordinaten in einem anderen geodätischen Gitter) bestimmen kann, wird auf Karten jedes Zonenfeld durch ein quadratisches Gitternetz weiter unterteilt: Die senkrechten Linien verlaufen parallel zum Mittelmeridian der jeweiligen Zone, die waagrechten Linien parallel zum Äquator.
Der Abstand der Gitterlinien hängt vom Maßstab ab. Auf topografischen und Wanderkarten im Maßstab 1:25 000, 1:50 000 und 1:100 000 beträgt er üblicherweise einen Kilometer (1000 Meter). Bei der Bezeichnung der Linien werden oft die letzten drei Stellen weggelassen, d. h. die Angabe erfolgt in Kilometern. 55**87** steht also für die Gitterlinie 5 587 000 (siehe Abb. S. 34).
Egal welches Gitter, die Vorgehensweise beim Ermitteln von Koordinaten ist stets die gleiche:

- Wenn Sie Ihren **Standort bestimmen**, also Koordinaten vom Gerät auf die Karte übertragen möchten, ermitteln Sie aus der Entfernung eines Punktes von der nächsten waagrechten und senkrechten Gitterlinie seine Position.
- Im umgekehrten Fall, wenn Sie die **Koordinaten eines Punktes aus der Karte ablesen** wollen, messen Sie den Abstand des Punktes von den nächstgelegenen Gitterlinien, bestimmen daraus die Koordinaten und speichern sie im Gerät.

Als unentbehrliches Hilfsmittel erweist sich dabei ein **Planzeiger**, eine Art rechter Winkel aus durchsichtigem Plastik. Auf die Schenkel sind zwei Skalen gedruckt, deren Länge genau dem Abstand zweier Gitterlinien entspricht. Man braucht also für jeden Maßstab einen eigenen Planzeiger.

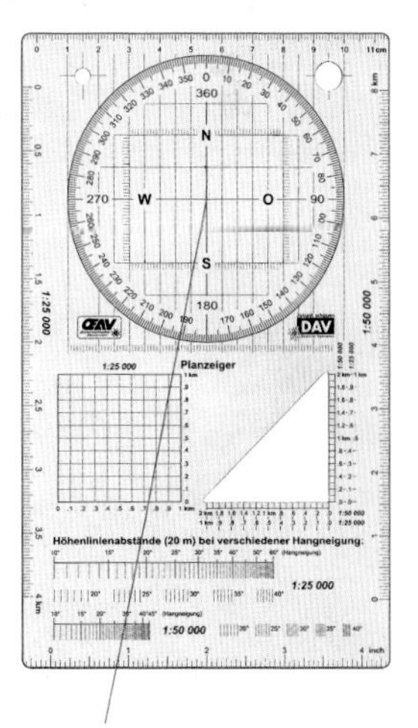

Vielseitig: Der Alpenvereinsplanzeiger.

Oft liegen Planzeiger der Karte bei. Sehr empfehlenswert ist der Alpenvereinsplanzeiger, der nicht nur die gängigen Maßstäbe beinhaltet, sondern auch Winkel- und Neigungsmesser. Alternativ können Sie Planzeiger kostenlos aus dem Internet downloaden und auf Folie ausdrucken (siehe Anhang).

Übertragen von Koordinaten: Beispiel aus der Praxis.

UTM-Gitter: Koordinaten in die Karte übertragen Dazu ein Beispiel (siehe Abb.): Sie sind unterwegs auf einer Gletschertour in den Alpen. Plötzlich ein Wetterumschwung mit Nebel und Schneefall! Dicke Suppe, null Sicht! Keine Wegspur ist mehr zu erkennen. Schon nach kurzer Zeit wissen Sie nicht mehr, wo Sie sind. Also zücken Sie Ihr GPS-Gerät, das die Koordinaten

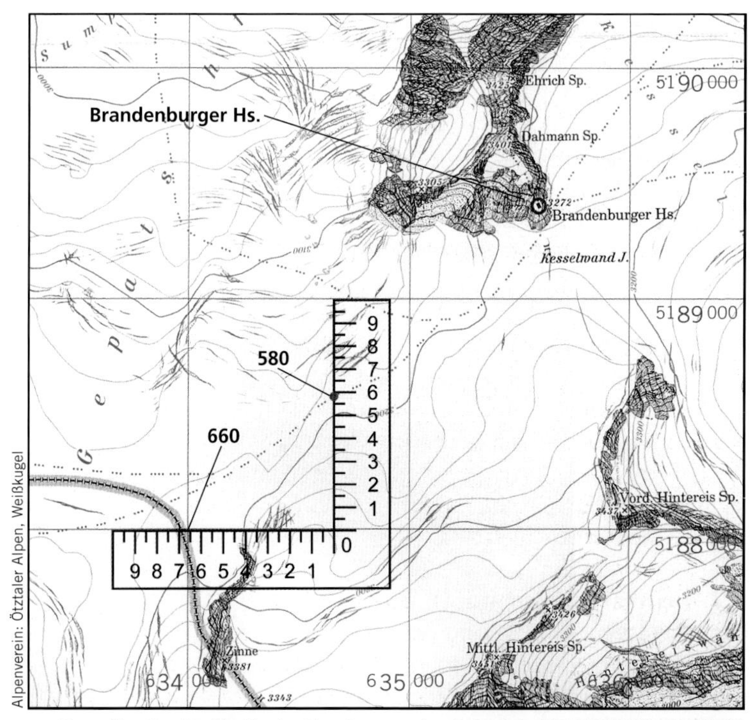

Koordinaten in die Karte übertragen, im Beispiel: 32T 0634660, 5188580

32T 6**34**664, 51**88**577 anzeigt. Wie Sie wissen, handelt es sich dabei um Angaben in Metern: Ihr momentaner Standort hat den Rechtswert 634664mE und den Hochwert 5188577mN. Der Abstand der Gitterlinien auf Ihrer Karte beträgt 1000 Meter, Sie befinden sich also 664 Meter rechts (östlich) der Gitterlinie 6**34**000mE und 577 Meter oberhalb (nördlich) der Gitterlinie 51**88**000mN.
Um die Koordinaten zu übertragen, suchen Sie zunächst diese beiden Linien auf der Karte. Jetzt kommt der Planzeiger zum Einsatz: Legen Sie den waagrechten Schenkel an die Gitterlinie 5188000 an und verschieben Sie den Zeiger so lange, bis die waagrechte Skala die Gitterlinie 6**34**000 bei 6,6 schneidet. Da der Abstand zweier Gitterlinien 1000 Meter beträgt, entspricht 6,6 auf der Skala 660 Meter im Gitter. Anschließend messen Sie auf der senkrechten Skala 5,8, d.h. 580 Meter ab und schon kennen Sie Ihren Standort.
Sie haben es sicher bemerkt: Die Koordinaten wurden beim Übertragen gerundet. Warum? Mit einem Planzeiger kann man Koordinaten bestenfalls auf einen halben Millimeter genau einzeichnen – was im Maßstab 1:25000 wie in unserem Beispiel 12,5 Meter entspricht. Deshalb die Auf- bzw. Abrundung von Rechts- und Hochwert auf 10 Meter. Bei einer Karte im Maßstab 1:50000 müssten Sie die Koordinaten entsprechend auf 25 Meter runden.

Tipp!

Wer auf genaue Koordinaten Wert legt, z.B. für spätere Touren, sollte deshalb unterwegs alle Wegpunkte vor Ort noch einmal speichern. Mit GPS lassen sich Koordinaten genauer ermitteln.

Oft genügt es, nur eine Koordinate zu übertragen, z.B. wenn Sie auf einem Weg oder auf einem Fluss unterwegs sind. Ihr Standort befindet sich dann im Schnittpunkt mit dem Weg bzw. dem Fluss.

UTM-Gitter: Koordinaten auf der Karte bestimmen Wo Sie sind, wissen Sie jetzt. Sicherheitshalber beschließen Sie, mithilfe von GPS zur nächsten Hütte, dem Brandenburger Haus, weiterzuwandern. Dazu müssen Sie die Koordinaten der Hütte ermitteln.

Wie Sie mit einem Blick auf die Karte erkennen, liegt die Hütte rechts der senkrechten Gitterlinie 6**35**000 und oberhalb der waagrechten Gitterlinie 51**89**000 (siehe Abb.). Legen Sie also den Planzeiger an der waagrechten Linie 51**89**000 an und verschieben Sie ihn, bis der senkrechte Schenkel an der Hütte zu liegen kommt. Jetzt können Sie an beiden Schenkeln den Abstand der Hütte von den jeweiligen Gitterlinien ablesen.
Für den Rechtswert erhalten Sie auf der waagrechten Skala den Wert 5,8. Die Hütte liegt also 580 Meter rechts (östlich) der senkrechten Gitterlinie 6**35**000. Wenn Sie jetzt 580 zum Wert der Gitterlinie hinzuaddieren, erhalten Sie den Rechtswert, 635 580mE. Analog gehen Sie beim Hochwert vor, den Sie mit 51**89**420 bestimmen. Fehlt nur noch das Zonenfeld, das Sie meist in der Legende finden, und die Koordinaten der Hütte sind komplett: 32T 0635 580mE, 5 589 420mN – wieder auf 10 Meter gerundet.

Koordinaten übertragen im geografischen Gitter Prinzipiell ist die Vorgehensweise im geografischen Gitter die gleiche wie beim UTM-Gitter. Allerdings braucht man – da der Abstand der Längengrade nicht immer gleich groß ist (sich mit der Breite ändert) – für jede Karte und jeden Maßstab einen eigenen Planzeiger. Hier sei auf die weiterführende Literatur im Anhang verwiesen.

Das Kartenbezugssystem (Kartendatum)

Wenn Sie Koordinaten zwischen GPS-Gerät und Karte übertragen möchten, müssen Sie nicht nur das jeweilige Kartengitter, sondern auch das richtige Kartenbezugssystem oder Kartendatum einstellen.
Klingt wie das Erstellungsdatum der Karte, hat damit aber nichts zu tun. Stattdessen beschreibt es (vereinfacht ausgedrückt), welches Modell der Erde der Darstellung auf einer Karte zugrunde liegt. Weltweit gibt es über 200 lokale Kartenbezugssysteme, die nur für eine bestimmte Region

gelten, wie z. B. das früher in Deutschland übliche »Potsdam«. Im Zuge der GPS-Navigation hat sich das weltweit gültige **WGS84** als Standard durchgesetzt, das die Grundlage neuerer Karten bildet. Sie finden das Kartendatum normalerweise in der Kartenlegende.

Wichtig!

Entscheidend für die Praxis ist vor allem eins: Im GPS-Gerät muss unbedingt das Bezugssystem der jeweiligen Karte eingestellt werden (im Setup, siehe S. 50), sonst erreichen Sie unter Umständen nie Ihr Ziel.

Um beim Beispiel Watzmann zu bleiben: Auf einer Karte mit dem Bezugssystem WGS84 haben Sie die Koordinaten 33T 0343680, 5268863 bestimmt. Sie tippen die Werte in Ihr GPS-Gerät ein, bemerken aber nicht, dass das Bezugssystem auf »Indian Thailand« steht. Statt auf dem Watzmann landen Sie jetzt weit unterhalb des Gipfels im Watzmannkar. Das Beispiel macht deutlich, dass bei falsch eingestelltem Kartenbezugssystem die vom Gerät angezeigte Position von der tatsächlichen um mehrere hundert Meter abweichen kann.

Wichtig!

Vorsicht: Nachträgliches Umstellen korrigiert den Fehler nicht, das Kartenbezugssystem muss unbedingt schon vor der Eingabe der Koordinaten stimmen!

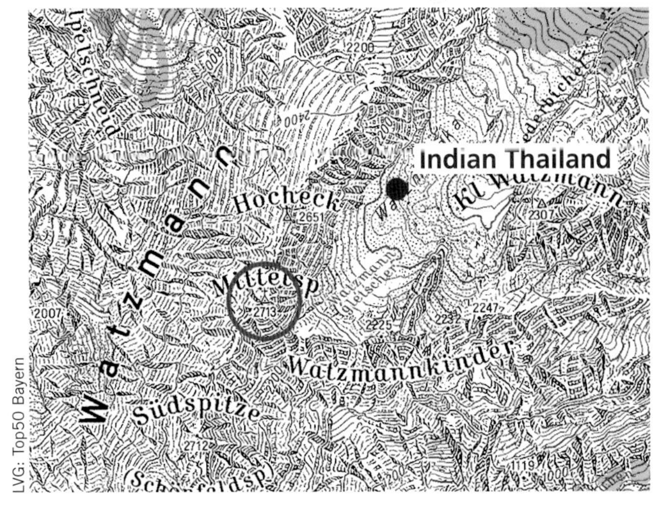

Den Watzmann-Gipfel erreichen Sie nur bei korrekt eingestelltem Kartenbezugssystem.

Erste Schritte

Na endlich: Ihr nagelneuer GPS-Empfänger liegt ausgepackt vor Ihnen. Höchste Zeit für die erste Tour! Etwas Geduld noch, bitte! Bevor Sie loslegen können, bedarf es einiger Einstellungen und Vorbereitungen.

Das erste Mal – Die Initialisierung

Jeder fabrikneue Empfänger muss zuerst »initialisiert« werden. Das hört sich kompliziert an, ist aber ganz einfach: Sie schalten dazu nur im Freien (möglichst ohne Abschattung) das Gerät ein und warten, bis die erste Position bestimmt ist. Was durchaus einige Minuten dauern kann. Die Wartezeit lässt sich bei vielen Modellen etwas verkürzen, indem Sie über eine Länderliste oder die Kartenseite Ihren ungefähren Standort eingeben (manuelle Initialisierung). Sobald Satellitenkontakt besteht, wird mit den Signalen auch der »Almanach« übertragen. Er enthält Angaben zur Position und Bahn aller Satelliten, die im Gerät gespeichert werden. Einmal übermittelt, ist der Empfänger initialisiert: Er »weiß« jetzt, wo die Satelliten stehen, und hat beim nächsten Einschalten den Standort meist schon nach 15 bis 45 Sekunden ermittelt.
Allerdings ist nicht allein beim »ersten Mal« eine Initialisierung nötig, sondern auch, wenn Sie Ihr Gerät drei Monate oder länger nicht benutzt haben. Oder wenn Sie sich (mit

Auch Fernreisen erfordern eine Initialisierung.

Warm- und Kaltstart

Neben dem Almanach wird mit den Satellitensignalen auch die »Ephemeris« übertragen. Sie enthält noch exaktere Umlauf- und Positionsdaten, allerdings nur für den Satelliten, der sie aussendet. Die **»Ephemeris«** ist etwa vier bis sechs Stunden gültig. Schaltet man ein GPS-Gerät mit aktuellen Ephemerisdaten ein, erfolgt die erste Standortermittlung besonders schnell, meist in weniger als 15 Sekunden. Man spricht von einem **Warmstart.** Ist die Ephemeris veraltet, der Almanach aber noch gültig, liegt ein **Kaltstart** vor. Das Gerät benötigt dann bis zu einer Minute, bis die ersten Koordinaten im Display erscheinen.

ausgeschaltetem Gerät) mehr als ca. 800 Kilometer Luftlinie von Ihrem letzten Standort entfernen, etwa bei einer Flugreise. In beiden Fällen sind die gespeicherten Almanach-Daten nicht mehr aktuell.

Tipp!

Die komplette Übertragung des Almanachs dauert 12,5 Minuten. Es lohnt sich also durchaus, beim ersten Mal das Gerät angeschaltet zu lassen, bis alle Daten vollständig übertragen wurden. Umso schneller erfolgt beim nächsten Einschalten die Positionsbestimmung.

Die Menüs

Nach der Initialisierung sollten sich besonders Einsteiger mit den verschiedenen Funktionen des Geräts vertraut machen. Die Grundfunktionen sind bei allen Modellen – egal ob Garmin, Magellan oder Alan – auf Displayseiten angeordnet, durch die Sie blättern können wie durch die Seiten eines Buchs. Die Satelliten-, die Karten- und die Navigationsseite enthalten neben dem Hauptmenü die wichtigsten Funktionen für die Orientierung mit GPS.

Nehmen Sie jetzt am besten Ihren Satellitenempfänger zur Hand: Die folgenden Abschnitte über die wichtigsten Menüseiten sind mit Gerät besser verständlich. In Klammern

finden Sie für jede Funktion die englische Bezeichnung, verwendet doch jeder Hersteller im deutschen Menü andere Begriffe.
Vor allem bei Garmin-, aber auch bei Magellan-Modellen fällt dank einer übersichtlichen Menüführung der Einstieg auch ohne langes Studium der Anleitung leicht. Und falls Sie unterwegs doch einmal nicht weiterwissen, hilft der Quick-Reference-Guide: ein Faltblatt mit den wichtigsten Funktionen aus wind- und wetterfestem Papier, das vielen Geräten beiliegt.

Tasten & Befehle Jedes Gerät wird über mehrere Tasten bedient, mit denen man Funktionen aufruft oder Informationen eingibt, z. B. die Koordinaten eines Wegpunkts. Wichtige Funktionen wie das Speichern von Wegpunkten kann man mit speziellen Tasten direkt aktivieren (siehe Tabelle).

Taste	Funktion
PAGE (NAV)	Blättert durch die Menüseiten des Geräts. Dient bei Garmin eTrex und Geko auch als »Quit«-Taste.
MENU	Einmal drücken öffnet die Untermenüs der jeweiligen Seite, zweimal drücken oft direkt das Hauptmenü.
ENTR	Aufrufen eines Menüs oder einer Funktion. Dient bei einigen Geräten zusätzlich als »FIND«-Taste (»drücken und halten«).
QUIT (ESC)	Rückgängigmachen einer Eingabe oder eines Menüaufrufs, rückwärts durch die Menüseiten blättern.
IN, OUT	Tasten zum Zoomen (Vergrößern bzw. Verkleinern) des Kartenausschnitts.
WIPPTASTE (Clickstick)	Dient zur Auswahl von Menüs oder Funktionen und, je nach Gerät, zum Verschieben des Kartenausschnitts.
MARK (SAVE)	Speichert den momentanen Standort als Wegpunkt.
FIND	Öffnet das Wegpunkt-Menü.
GOTO	Aktiviert bei Magellan-Modellen die Navigationsart »GoTo«.
MOB (man over board)	Für Segler und Paddler entwickelte Notfall-Taste, die die momentane Position speichert und die Navigation dorthin aktiviert.

Tasten und Funktionen.

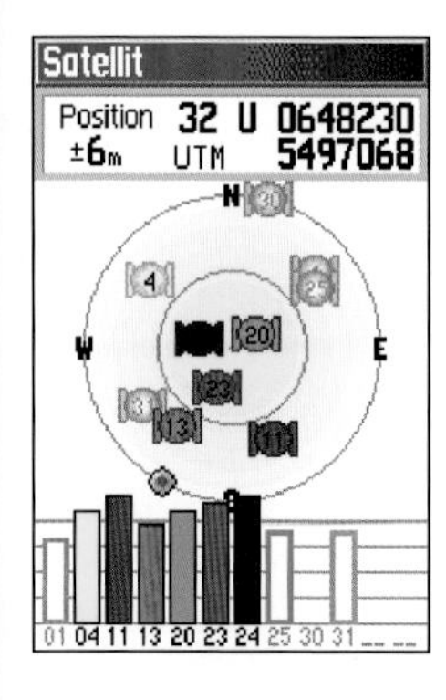

Die Satellitenseite, unentbehrlich für die optimale Ausrichtung des Geräts.

Die Satellitenseite Sobald Sie Ihr GPS-Gerät einschalten, erscheint in der Regel die Satellitenseite. Sie zeigt die Position und Zahl der empfangenen Satelliten an. Satelliten im Zentrum der »Skyview«, einer kompassartigen »Himmelsansicht«, stehen im Zenit, senkrecht über dem Gerät. Der äußere Kreis entspricht dem Horizont (0°), der mittlere 45° über dem Horizont. Zusätzlich gibt ein Balkendiagramm Auskunft über die Stärke der empfangenen Signale. Ein voller Balken steht für Satelliten, die bei der Standortbestimmung berücksichtigt werden. Ist der Balken leer, wurde der Satellit zwar registriert, ausreichend Daten für die Einbeziehung in die Positionsermittlung aber noch nicht übertragen.

Je nach Gerät zeigt die Satellitenseite zusätzlich die Genauigkeit und die Koordinaten des Standorts an. Auch erkennt man sofort, ob eine 2-D- oder 3-D-Positionsbestimmung vorliegt.

Vor allem bei ungünstigen Bedingungen wie z. B. im Wald lohnt sich durchaus ein Blick auf die Satellitenseite, um das Gerät optimal auszurichten – insbesondere bevor man einen Wegpunkt speichert oder Koordinaten in die Karte überträgt. Oft genügen schon ein paar Schritte zur Seite oder eine Drehung mit dem Gerät, um den Empfang zu verbessern.

Die Kartenseite Blättert man durch die Menüs eines GPS-Geräts, folgt auf die Satelliten- in der Regel die Karten-

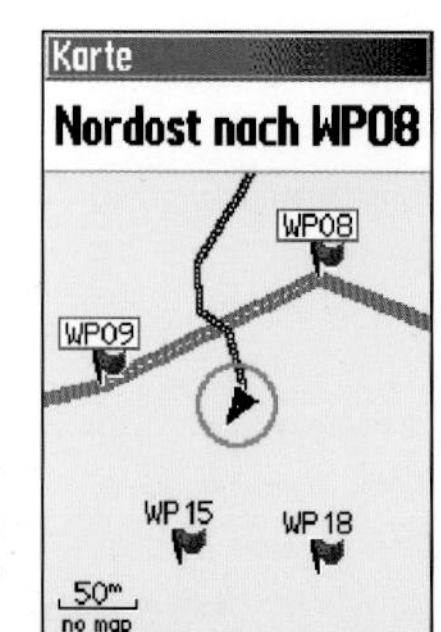

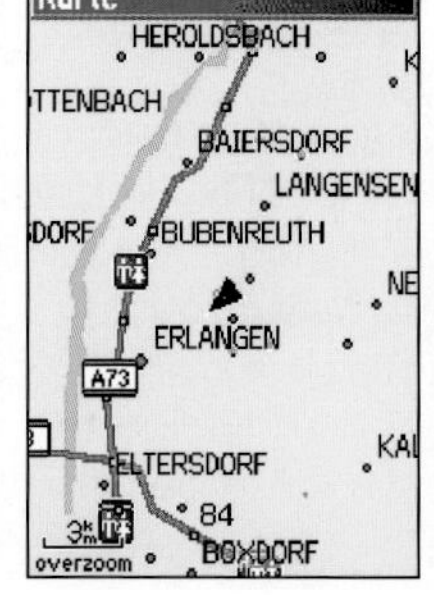

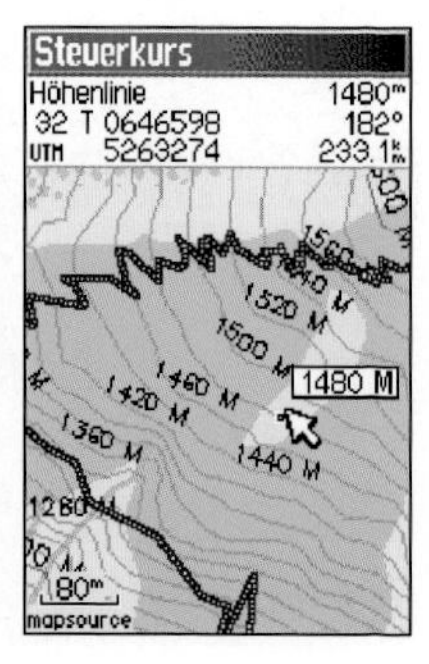

Die Kartenseite, in der Mitte mit Basis-, rechts mit aufgeladener Karte.

seite. Sie stellt bei allen Modellen den eigenen Standort sowie Wegpunkte, Routen und Tracks als eine Art Wegskizze lagerichtig dar. Je nach Preislage des Geräts werden auch Basis- oder aufgeladene Karten wiedergegeben.
Neben der Navigationsseite ist die Kartenseite die wichtigste Hilfe für die Orientierung mit GPS, muss man doch einer ausgewählten Route (bzw. einem Track) einfach nur folgen, vergleichbar dem Weg auf einer gedruckten Karte. Mit einem Vorteil: Ein Blick auf das Display genügt und man weiß, wo man sich befindet. Die aktivierte Route sowie ein eventuell geladener Kartenausschnitt verschieben sich ständig mit.
Dabei können Sie die **Ausrichtung der Karte** ganz den Erfordernissen anpassen: »Genordet« (North up) empfiehlt sich beim Vergleich mit einer gedruckten Karte. »Track oben« (Track up) orientiert die Karte dagegen ständig in Geh- bzw. Fahrtrichtung – optimal für unterwegs. Je nach Modell lässt sich noch »Sollkurs oben« (Verlauf oben, Course up) auswählen, die Karte wird dann z. B. nach einer

Mit der Kartenseite fällt die Orientierung besonders leicht.

aktivierten Route ausgerichtet (d.h. entsprechend dem Sollkurs zwischen den Wegpunkten, siehe Tab. S. 47).
Mit den **Zoom-Tasten** können Sie verschiedene Maßstäbe einstellen, wobei auf geladenen Karten mit steigender Vergrößerung mehr Details gezeigt werden (z.B. zunehmend kleinere Wege). Ebenso lässt sich bei kartenfähigen Geräten mit der »Wipptaste« der Ausschnitt verschieben, etwa um den weiteren Tourenverlauf in Augenschein zu nehmen.
Auch kann man je nach Modell ein Kartengitter oder Datenfelder mit Angaben zu Kurs, Höhe, Geschwindigkeit etc. einblenden.

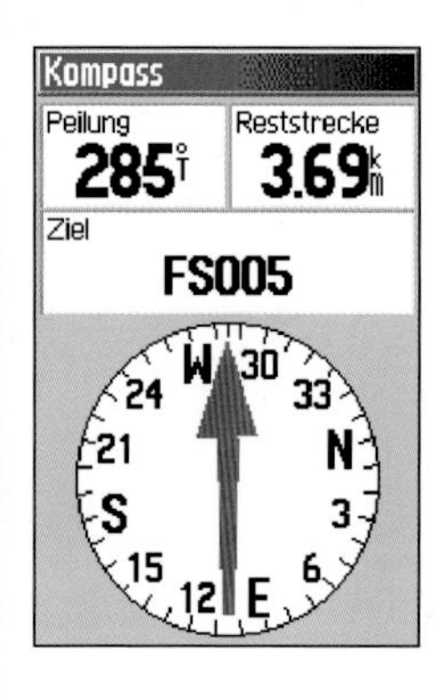

Wissen wo's langgeht: Die Navigationsseite.

Die Navigationsseite (Kompassseite)

Die Navigationsseite ist die bedeutendste Seite bei der Orientierung mit GPS, gibt sie doch stets per Pfeil die Richtung zum Ziel an. Auch dann, wenn Sie ein Hindernis umgehen. Hier liegt trotz des ähnlichen Aussehens der Unterschied zum Kompass, dessen Nadel immer nach Norden weist.
Mit GPS folgen Sie dagegen einfach dem Pfeil: Zeigt er geradeaus, sind Sie auf dem richtigen Weg. Zeigt er nach rechts (bzw. links), müssen Sie sich rechts (bzw. links) halten. Zusätzlich gibt die Kompassrose ähnlich wie beim Magnetkompass die Richtung in Grad an, in die Sie gerade marschieren oder fahren (Kurs).

Doch aufgepasst: Der Pfeil im GPS-Geräte zeigt (systembedingt) die korrekte Richtung zum Ziel nur so lange an, wie Sie in Bewegung sind. Im Stand kann er durchaus die falsche Richtung vorgeben! Deshalb immer erst fünf bis zehn Meter gehen, bevor Sie die angezeigte Richtung einschlagen.
Eine Ausnahme bilden Modelle mit elektronischem Kompass, die im Stand auf das Erdmagnetfeld zurückgreifen, um auch dann in die korrekte Richtung zu weisen.
Auf der Navigationsseite können Sie sich zusätzlich in Infofeldern Ihren Kurs anzeigen lassen, ebenso wie die Peilung, den Sollkurs und weitere Daten, z.B. die Entfernung zum

nächsten Wegpunkt. Die jeweiligen Richtungen beziehen sich dabei auf die im Gerät eingestellte Nordrichtung (vgl. S. 50):

Richtung	Bedeutung
Sollkurs (Course)	Richtung vom Start- zum Zielpunkt
Peilung (Bearing)	Richtung vom momentanen Standort zum Ziel
(Steuer-)Kurs (Heading, Track)	Augenblickliche Geh- oder Fahrtrichtung

Die Positionsseite Das Positionsdisplay gibt die Koordinaten des aktuellen Standorts an, meist aber noch einiges mehr: z. B. den Kurs, die Geschwindigkeit, die Entfernung zum Ziel oder die Reise- und Ankunftszeit. Je nach Gerät lassen sich die einzelnen Datenfelder individuell belegen.

Trip Computer
Tages-km 6.08 km
Reststrecke 4.14 km
Höhe 379 m
Geschwindig 13.4 kh
Uhrzeit 17:10
Ank am Ziel 17:43
Position N 49°37.585' E011°05.230'
Position 32 U 0650732 UTM 5499188

Datenzentrale: Die Positionsseite.

Die Hauptmenü-Seite Sie enthält alle Funktionen ohne eigene Menüseite wie z. B. das Routen- und das Track-Menü oder das Setup, in dem die wichtigsten Geräte-Einstellungen vorgenommen werden (siehe S. 48).

Das Wegpunkt-Menü Im Wegpunkt-Menü finden Sie alle gespeicherten Wegpunkte, auch die mit geladenen Karten übertragenen Ortsverzeichnisse und Points of Interest (Sehenswürdigkeiten, Hotels, Tankstellen etc.). Wegpunkte können aufgerufen, bearbeitet, gelöscht oder als Ziel aktiviert werden. Das Wegpunkt-Menü ist nicht immer Bestandteil des Hauptmenüs; je nach Gerät kann es auch als selbstständiges Menü mittels eigener Taste (z. B. »Find«) aufgerufen werden.

Das Routen-Menü Routen bestehen aus mehreren Wegpunkten, die den Wegverlauf einer Tour festlegen und mit dem GPS-Gerät nacheinander angesteuert werden. Im Routen-Menü sind alle nötigen Funktionen gebündelt: Hier erstellen, speichern, bearbeiten, löschen oder aktivieren Sie Routen für die Navigation (siehe Kapitel »Auf Tour mit GPS«).

Vereint wichtige Funktionen: Das Hauptmenü.

Das Track-Menü GPS-Geräte zeichnen unterwegs den zurückgelegten Weg als Track auf. Im Track-Menü können Sie die Aufzeichnung starten, Tracks speichern, für die Navigation aufrufen und noch einiges mehr (siehe Kapitel »Auf Tour mit GPS«).

Weitere Funktionen Bei vielen Modellen enthält das Hauptmenü noch eine Reihe weiterer Funktionen, u. a. die Auf- und Untergangszeiten von Sonne und Mond oder Stoppuhr und Wecker. Hier können Sie oft auch verschiedene **Annäherungsalarme** einstellen. Nähert man sich einem ausgewählten Wegpunkt auf eine vorher eingegebene Distanz, ertönt ein Signal und warnt so z. B. vor einer Gefahrenstelle.

Die Höhenmesser-/Barometerseite Besitzt das Gerät Höhenmesser und Barometer, werden auf dieser Seite Höhe und Luftdruck angezeigt, oft sogar als Grafik.

Eine Frage der Abstimmung – Das Setup

So wie Schumi seinen Ferrari auf jede Rennstrecke abstimmen musste, müssen auch Sie bei Ihrem GPS-Gerät einige Einstellungen vornehmen, bevor Sie damit auf Tour gehen können. Und zwar im Setup (»Einstellungen«), das Sie normalerweise über das Hauptmenü erreichen: Hier legen Sie die Einheiten für Entfernung, Marschrichtung (Kurs) oder Geschwindigkeit fest, hier stimmen Sie aber auch das Gerät auf die verwendete Karte ab. Die wichtigsten Menüs sind:

Einstellungssache: Das Setup.

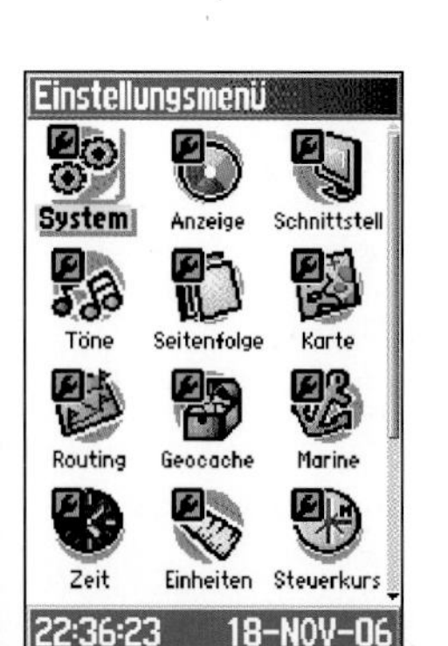

Untermenü System (System) Hier nehmen Sie alle Einstellungen vor, die das Gerät selbst betreffen:

Die Betriebsart Je nach Modell haben Sie die Wahl zwischen

- dem **Normalmodus**, in dem alle Geräte ihre Position jede Sekunde aktualisieren.

- dem **Batteriesparmodus** (Battery Save), in dem die Position je nach Gerät nur alle zwei bis zehn Sekunden ermittelt wird. Im günstigsten Fall verdoppelt sich dadurch die Batterielaufzeit. Der Nachteil: Im Stromsparmodus geht unter ungünstigen Bedingungen, z. B. im Wald, leichter der Empfang verloren. Auch werden Trackaufzeichnungen ungenauer.
- dem **Demo- oder Simulationsmodus**, in dem Sie auch ohne Satellitenempfang die wichtigsten Funktionen ausprobieren können (z. B. beim Kauf). Zusätzlich lassen sich so batteriesparend Daten ins Gerät eingeben bzw. mit dem PC austauschen.

WAAS/EGNOS Bei vielen Geräten können Sie hier den Empfang des Korrektursignals ein- und ausschalten. Was durchaus nützlich ist, liegt der Stromverbrauch mit aktiviertem EGNOS bzw. WAAS doch höher.

Batterietyp Je nach Stromquelle stellen Sie Alkali-Mangan, Lithium oder Akku (»NiMH«) ein. So passen Sie die Batterieanzeige an das unterschiedliche Entladeverhalten an. Verwenden Sie z. B. Akkus bei Einstellung Alkali-Mangan, warnt die Anzeige nicht rechtzeitig vor schwachen Zellen und das Gerät schaltet sich relativ unvermittelt ab.

Wer Wegpunkte im Demomodus eingibt, spart Batterien.

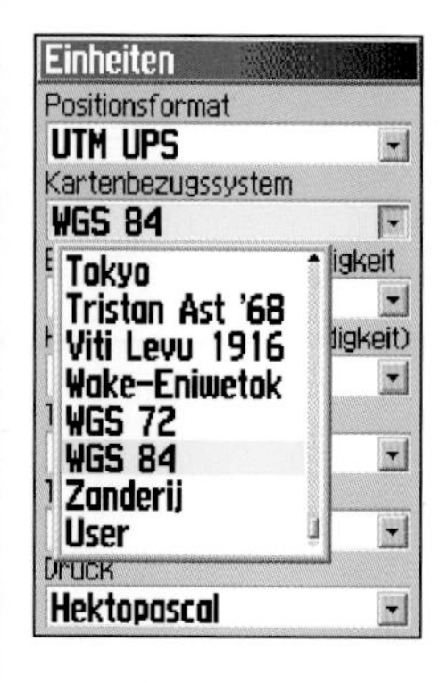

Untermenü Einheiten (Units) Das vielleicht wichtigste Setup-Menü: Hier passen Sie das Gerät an die verwendete Karte an, egal ob Papier- oder Digitalausgabe.

Positionsformat (Position Format) Das Positionsformat oder Kartengitter gibt das Format an, in dem die Koordinaten angezeigt werden. Neben dem geografischen und dem UTM-Gitter stehen zahlreiche lokale Gitterformate zur Auswahl. Sie sind vor allem bei Reisen in Länder, die (noch) nicht das UTM-Gitter eingeführt haben, von Bedeutung. Je mehr Positionsformate zur Verfügung stehen, desto vielseitiger ist ein Gerät einsetzbar. Auf jeden Fall sollten sich – neben dem geografischen und dem UTM-Gitter – das früher in Deutschland übliche Gauß-Krüger- sowie das Schweizer (Swiss Grid) und das Österreichische Gitter (Austrian Grid) einstellen lassen.

Essenziell: Die korrekte Einstellung von Kartengitter und Kartenbezugssystem.

Kartenbezugssystem (Kartendatum, Map-Datum) Immer daran denken: Im Gerät muss das Kartenbezugssystem der jeweiligen Karte eingestellt werden, wenn Sie Wegpunkte und – mit PC – Routen oder Tracks übertragen (siehe S. 38)! Moderne Modelle verfügen über WGS 84, den internationalen Standard und mehr als 100 weitere (lokale) Bezugssysteme. Auch hier gilt: Je mehr, desto besser.

Nord ist nicht gleich Nord: Nordrichtungen in der Kartenlegende.

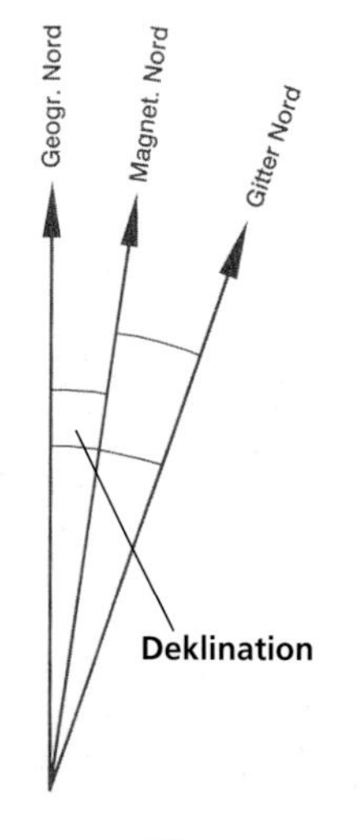

Einheiten für Entfernungen und Geschwindigkeiten In der Regel wählen Sie hier »Metrisch« (metric), in angloamerikanischen Ländern auch »Englisch« (Statute) bzw. »Yards« (Amerika) oder beim Segeln nautische Einheiten (Nautisch, nautical).

Untermenü Nordreferenz (North-Reference, Heading) Jedes GPS-Gerät zeigt (z. B. auf der Navigationsseite) die Richtung, in die Sie marschieren, auch als Winkel, bezogen auf Norden an (Kurs). Wandern Sie z. B. Richtung Nordost, entspricht das 45°.

Nun gibt es nicht nur eine Nordrichtung, sondern gleich drei: Geografisch, Magnetisch und Gitter-Nord (»Nordrichtung« der senkrechten Linien in einem geodätischen Gitter). Zumindest **Geografisch** und **Magnetisch Nord** lassen sich bei jedem Gerät als Nordbezug einstellen (die Abweichungen zwischen Geografisch und Gitter-Nord sind meist unerheblich). Während in Deutschland der Unterschied zwischen beiden, die Deklination, nicht ins Gewicht fällt, kann sie in Regionen wie Neuseeland oder Island beträchtlich sein. Je nach Einstellung zeigt Ihr GPS-Gerät dann ganz unterschiedliche Werte für die Marschrichtung an.

Solange Sie nur mit Karte und GPS navigieren, müssen Sie sich über die korrekte Nordrichtung nicht den Kopf zerbrechen.

Die Einstellung ist egal, schließlich zeigt der Richtungspfeil auf dem Display stets direkt zum Ziel. Möchten Sie jedoch Ihren Kurs auf einen Kompass übertragen, z. B. weil Sie, um Batterien zu sparen, teilweise nach Kompass laufen wollen, stellen Sie Magnetisch Nord ein. Es sei denn, Sie besitzen

Beim Übertragen von Kurswinkeln zwischen Gerät und Kompass unbedingt die Nordrichtung beachten!

einen Kompass mit Missweisungsausgleich, dann wählen Sie Geografisch (»Wahr«, »True«).
Auch wenn Sie beim Wandern Winkel zwischen Karte und GPS-Gerät übertragen, wie z.B. bei der Wegpunkt-Projektion, müssen Sie die Nordreferenz beachten (siehe Kapitel »Auf Tour mit GPS«).

Einstellungen im Menü »Zeit«.

Untermenü Zeit (Uhr, Time) GPS-Geräte empfangen mit den Satellitensignalen ständig auch die Zeit. Allerdings nur die UTC-Zeit, die auf Greenwich bezogene Weltzeit. Damit das Gerät die richtige Zeit für Ihren Standort angibt, müssen Sie unter **Zeitzone** bzw. **UTC-Offset** die entsprechende Zone bzw. den Unterschied zur UTC-Zeit eingeben (für Mitteleuropa »Paris« bzw. »+01:00«). Weitere Einstellungen betreffen das **Zeitformat** (24 oder 12 Stunden) sowie die Umstellung zwischen Sommer- und Winterzeit.

Untermenü Display (Anzeige) Hier nehmen Sie die **Bildschirm-Einstellungen** (Anzeigemodus) vor, z.B. den Kontrast bei Graustufen- oder die Farbauswahl bei Farbdisplays. Ebenso können Sie die Dauer der **Hintergrundbeleuchtung** in verschiedenen Stufen von wenigen Sekunden bis zu Dauerbeleuchtung regeln. Die Beleuchtung ist ein echter »Stromfresser«. Wählen Sie ein kurzes Intervall (15–30 Sekunden), damit nicht unnötig Batterien verbraucht werden, sollte sich das Licht unbemerkt in der Tasche einschalten.

Untermenü Schnittstelle (Interface, Kommunikation) Der Austausch von Wegpunkten, Routen und Tracks oder Karten mit dem PC (Offline-Navigation) erfordert bei vielen Empfängern keine eigene Einstellung. Einzige Ausnahmen: Bei Garmin-Modellen mit seriellem Anschluss wählen Sie als Protokoll »Garmin«, bei Magellan-Geräten mit USB-Schnittstelle klicken Sie (unter »Kommunikation«) »Datenübertragung« an.

Falls Sie Ihr Gerät mit einem PDA verwenden wollen, wählen Sie als Schnittstelle »NMEA« (GPS-Online-Navigation, siehe Kapitel »GPS & PC«).

Software-Updates

Das kennen Sie sicher vom PC: Mit regelmäßigen Updates verbessern Softwareanbieter ihre Programme, eliminieren Fehler oder fügen neue Funktionen hinzu. Das ist bei GPS-Geräten nicht anders. Auch hier finden Sie auf den Websites der Hersteller Updates der Gerätesoftware (Firmware).
Bevor Sie ein Update durchführen, bestimmen Sie die aktuelle Firmware Ihres Geräts. Die finden Sie meist im Setup im Menü »System«. Ist eine neue Version verfügbar, laden Sie die zunächst auf Ihren PC herunter (und entpacken sie, falls sie komprimiert ist). Verbinden Sie dann Ihr GPS-Gerät mit dem PC und schalten es ein. Jetzt müssen Sie nur noch per Doppelklick die Update-Datei aufrufen, die dann automatisch auf dem Gerät installiert wird.

Immer frische Batterien einlegen. Das Update kann etwas dauern. Geht Ihnen unterwegs der Saft aus, ist im schlimmsten Fall keine Software auf dem Gerät. Und: Laden Sie nur Updates für das jeweilige Gerät auf, sonst droht Beschädigung!

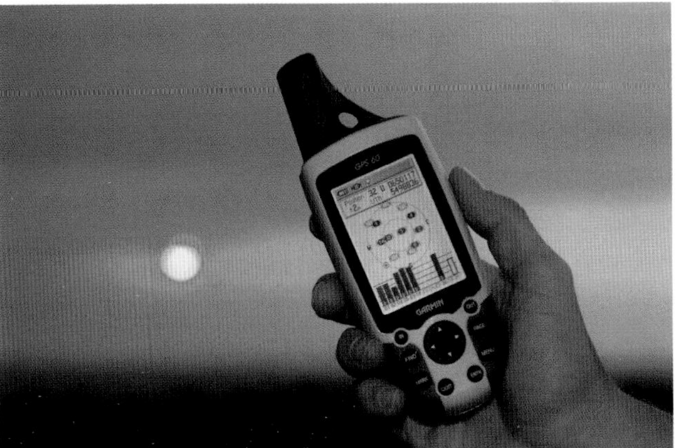

Regelmäßige Updates bringen die Gerätesoftware auf den aktuellen Stand.

Auf Tour mit GPS

Viele Wege führen zum Ziel. Das gilt auch für die GPS-Navigation. GoTo, Route oder Track – Sie haben die Wahl. Dabei spielen Wegpunkte eine wichtige Rolle, bilden Sie doch die Grundlage der GPS-Navigation.

Wegpunkte

Ein Wegpunkt ist eine im GPS-Gerät als Koordinatenpaar gespeicherte Position, z.B. als Rechts- und Hochwert im UTM-Gitter. Wegpunkte bilden eine wesentliche Voraussetzung für die Navigation mit GPS: Sobald Sie einen Wegpunkt, egal wo auf der Welt, als Ziel aufrufen, gibt Ihnen Ihr Satellitenguide umgehend Richtung und Entfernung dorthin an. Wegpunkte können Sie auf zwei verschiedene Arten speichern:

- **unterwegs**, indem Sie Ihre aktuelle Position markieren – z.B. an Wegabzweigungen, Hütten oder Fotospots
- **aus der Karte**, indem Sie die Koordinaten eines beliebigen Punktes bestimmen und ins Gerät eingeben.

Wegpunkte unterwegs speichern? Einfach die Mark-Taste drücken!

Wegpunkte unterwegs speichern Ganz einfach: Schalten Sie Ihr Gerät ein, warten Sie, bis genügend Satelliten empfangen werden, und drücken Sie die Mark- bzw. Save-Taste. Umgehend erscheint das Menü »Wegpunkt markieren«, das die Koordinaten, die Höhe sowie eine Bezeichnung und ein Symbol für den Punkt anzeigt.

Meist nummerieren GPS-Geräte Wegpunkte einfach durch. Was einen Nachteil hat: Sucht man später einen bestimmten Punkt, verliert man schnell die Übersicht, vor allem wenn man viele Punkte gespeichert hat. Stattdessen empfiehlt sich z.B. eine Bezeichnung, mit der Sie einen Punkt auch auf der Landkarte leicht wiederfinden. Ich gebe z.B. bei Gipfeln den Namen ein, wenn auch in stark abgekürzter Form.

Falls Sie die Bezeichnung ändern wollen, wählen Sie mit der Wipptaste das Namensfeld aus, rufen es mit »Enter« auf und geben über ein Buchstaben- und Zahlenpanel den neuen Namen ein. Am besten wählen Sie auch ein Symbol, an dem Sie mit einem Blick erkennen, ob es sich um eine Abzweigung, einen Parkplatz oder eine Hütte handelt. Zum

Schluss speichern Sie den Wegpunkt mit »Enter« (bzw. »OK«). Er erscheint jetzt auch auf der Kartenseite.

Um Wegpunkte möglichst genau zu markieren, sollten Sie nicht gleich die ersten Koordinaten speichern, die im Display erscheinen, sobald das Gerät Satellitenkontakt hergestellt hat. Warten Sie, bis sich die Genauigkeitsangabe auf der Satelliten- oder Positionsseite nicht mehr verbessert bzw. sich die Koordinaten nicht oder nur noch geringfügig ändern.

Bei manchen Modellen können Sie auch durch »Mitteln« (Averaging; im Menü »Wegpunkt markieren«) die Genauigkeit erhöhen: Das Gerät errechnet dabei **vor** dem Speichern den Mittelwert aus einer beliebigen Anzahl von Positionsmessungen.

Wegpunkte aus Karten mit UTM-Gitter bestimmen Hier ermitteln Sie die Koordinaten mit Planzeiger wie im Kapitel »Koordinaten & Kartengitter« beschrieben. Um sie als Wegpunkt zu speichern, drücken Sie einfach wieder die Mark-Taste und ersetzen im Menü »Wegpunkt markieren« die angezeigten Koordinaten durch die abgelesenen. Vergessen Sie dabei nicht, das richtige Zonenfeld anzugeben, vor allem wenn Sie zu Hause eine Urlaubstour in einem anderen Feld planen. Achten Sie auch darauf, im Gerät das Bezugssystem der jeweiligen Karte einzustellen.

Karten ohne Gitter – Wegpunkt-Projektion

Auch im Zeitalter von GPS gibt es noch Karten ohne Gitter, vor allem Wanderkarten. Doch auch die können Sie für die GPS-Navigation verwenden. Dazu brauchen Sie nur einen Winkelmesser mit Maßstabsleiste (oder Lineal), beides z. B. auf dem Planzeiger des Alpenvereins. Ebenfalls nötig: ein GPS-Modell mit der Funktion **Wegpunkt-Projektion**, die Sie im Wegpunkt-Menü oder – bei Magellan-Geräten – im Hauptmenü unter »Erweiterte Funktionen« finden.
Das Prinzip ist einfach: **Ein Punkt mit bekannten Koordinaten dient als Referenzpunkt, von dem aus Sie die**

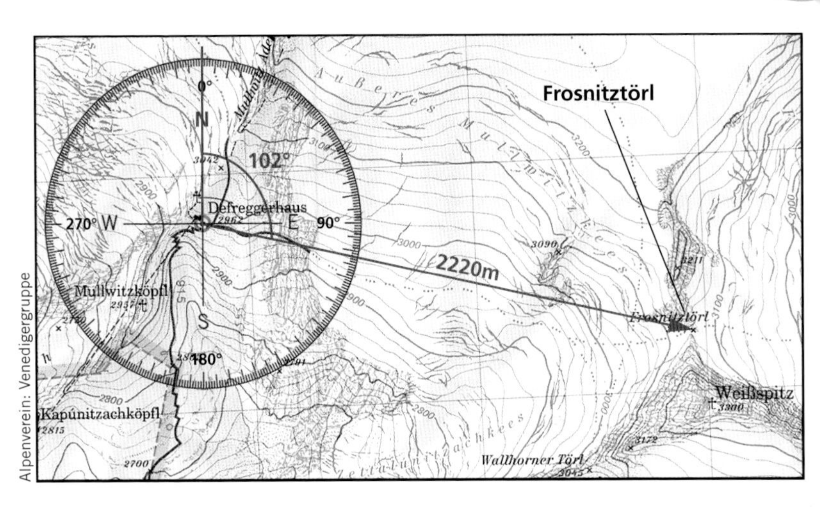

Alpenverein: Venedigergruppe

Richtung und Entfernung zu Ihrem Ziel bestimmen. Referenzpunkt kann jeder beliebige Punkt auf der Karte sein, z. B. der Startpunkt Ihrer Tour. Einzige Voraussetzung: Er muss als Wegpunkt in Ihrem Gerät gespeichert sein.

Dazu ein Beispiel: Sie stehen mit gepacktem Rucksack vor dem Defreggerhaus in der Venedigergruppe und möchten gerne mit GPS weiter zum Frosnitztörl (siehe Abb.). Die Koordinaten des Törls wollen Sie per Wegpunkt-Projektion ermitteln. Also speichern Sie zuerst Ihren Standort am Defreggerhaus als Wegpunkt. Er dient im Folgenden als Referenzpunkt.

Im nächsten Schritt bestimmen Sie auf der Karte die Richtung vom Defreggerhaus zum Törl. Dazu legen Sie den Winkelmesser exakt in Nord-Süd-Richtung (senkrecht zum oberen Kartenrand bzw. senkrecht zur Ost-West-verlaufenden Kartenbeschriftung!) an Ihrem Standort an und spannen den Faden zum Frosnitztörl. Auf der Winkelskala lesen Sie jetzt die Richtung ab, im Beispiel 102°. Nun ermitteln Sie mit der Maßstabsleiste noch die Entfernung zwischen Defreggerhaus und Törl mit 2220 Meter. Natürlich können Sie dazu auch ein Lineal verwenden, dann müssen Sie aber

Mit Wegpunkt-Projektion kann man selbst auf Karten ohne Gitter Koordinaten bestimmen.

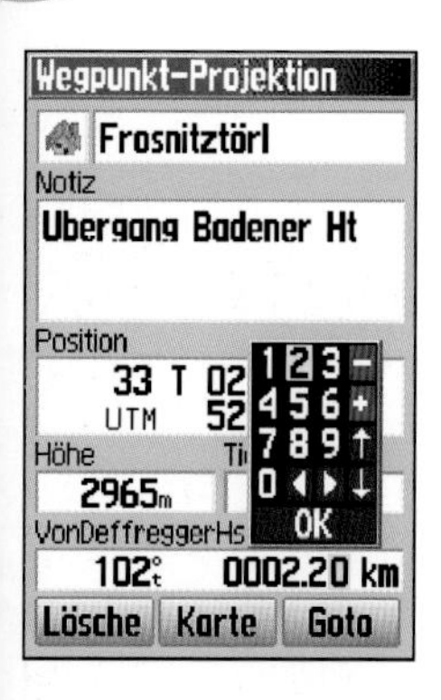

den gemessenen Abstand dem Maßstab entsprechend umrechnen.
Zum Schluss rufen Sie den gespeicherten Referenzpunkt, im Beispiel das Defreggerhaus, im Gerät auf und geben über die Funktion »Wegpunkt-Projektion« Richtung und Entfernung zum Törl ein (siehe Abb. Display). Achten Sie dabei darauf, dass im Gerät »Geografisch« als Nordrichtung eingestellt ist. Ihr GPS-Gerät berechnet daraufhin automatisch die Koordinaten des Törls und speichert sie als Wegpunkt, den Sie jetzt als Ziel auswählen können. Auf diese Weise lassen sich sogar ganze Routen zusammenstellen.
Natürlich ist es mit Wegpunkt-Projektion wie in der Abb. S. 57 auch möglich, sehr schnell Koordinaten in Karten mit Gittern zu bestimmen.

Doch Vorsicht bei geodätischen Gittern: Der Winkelmesser muss nach Geografisch Nord und nicht nach den Gitterlinien ausgerichtet werden (siehe Abb.). Es sei denn, Sie stellen die Nordrichtung in Ihrem Gerät auf Gitter-Nord (siehe S. 50).

Wegpunkte per PC eingeben Die schnellste und exakteste Möglichkeit, Wegpunkte zu erstellen, bietet ohne Zweifel eine digitale Karte. Mehr dazu im Kapitel »GPS & PC«.

Navigation mit GPS

Sobald Sie einige Wegpunkte gespeichert haben, ist Ihr Gerät bereit für die erste Tour. GPS bietet Ihnen nicht nur eine, sondern gleich drei Möglichkeiten, ans Ziel zu gelangen:

- mit **GoTo**, wo Ihnen Ihr GPS-Empfänger den direkten Weg zum Ziel anzeigt
- mit einer **Route**, die eine geplante Tour durch eine Reihe von Wegpunkten festlegt
- per **Track**, einer vom GPS aufgezeichneten Wegstrecke.

GoTo-Navigation

Mit GoTo, der einfachsten Navigationsart, kommen auch Einsteiger schnell zurecht. Sie müssen einfach nur einen beliebigen Wegpunkt mit »Find« aufrufen und als Ziel auswählen. Entweder einen, den Sie bereits gespeichert haben, oder einen, dessen Koordinaten Sie aus der Karte bestimmen und eingeben. Dann aktivieren Sie im Wegpunkt-Menü »GoTo« und schon gibt Ihnen der Pfeil auf der Navigationsseite die Richtung an, in die Sie wandern, radeln oder paddeln müssen.

GoTo: Luftlinie zum Ziel.

Falls Sie auf einem Weg unterwegs sind, folgen Sie an jeder Abzweigung einfach der generellen, vom Gerät vorgegebenen Richtung.

Doch Vorsicht: Wenn Sie kein Gerät mit integriertem Kompass besitzen, müssen Sie erst einige Meter laufen, bevor der Pfeil in die korrekte Richtung zeigt (siehe Kapitel »Erste Schritte«). Natürlich können Sie auch mit der Kartenseite navigieren. Dort verbindet eine direkte Linie (Peilungslinie) Ihren Standort mit dem Ziel, dieser folgen Sie einfach.

Per GoTo zum Ziel, entweder mit der Navigations- oder der Kartenseite.

GoTo ist die optimale Navigationsart, falls Sie den direkten Weg einschlagen können, z.B. bei der Überquerung einer freien, hindernislosen Ebene oder eines Sees. In einer Vielzahl weiterer Situationen erweist sich GoTo als nützlich, etwa wenn Sie ein größeres Hindernis umgehen müssen, egal ob Feuchtge-

biet oder Felsabbruch. Die Koordinaten des Zielpunkts nach dem Hindernis entnehmen Sie der Karte.
Auf Wander- und Trekkingtouren können Sie bei kürzeren Abstechern den Punkt markieren, an dem Sie Ihre Route verlassen, und so problemlos wieder zurückfinden. Auch lässt sich per GoTo ein nahes Ziel schnell ansteuern. Beispielsweise wenn Sie kurz vor der Hütte von Schlechtwetter oder Dunkelheit überrascht werden.
Ihre erste GoTo-Navigation können Sie direkt vor der Haustür starten. Speichern Sie Ihren Standort als Wegpunkt (z. B. unter dem Namen »Ziel«) und machen Sie einen kleinen Spaziergang in eine beliebige Richtung. Fünf Minuten genügen. Rufen Sie den Punkt »Ziel« auf und starten Sie GoTo. Ihr Gerät zeigt Ihnen jetzt den direkten Weg zurück zum Ziel (siehe Abb. S. 59).

Routen

Beispiel einer Hochtour, geplant als Route.

Der kürzeste Weg, wie ihn GoTo vorgibt, ist nicht immer der beste. Ein optimal dem Gelände angepasster Wegverlauf, vorbei an Bergen, Steilabbrüchen und sonstigen Hindernissen, erweist sich in der Regel als der effizientere. Komplette

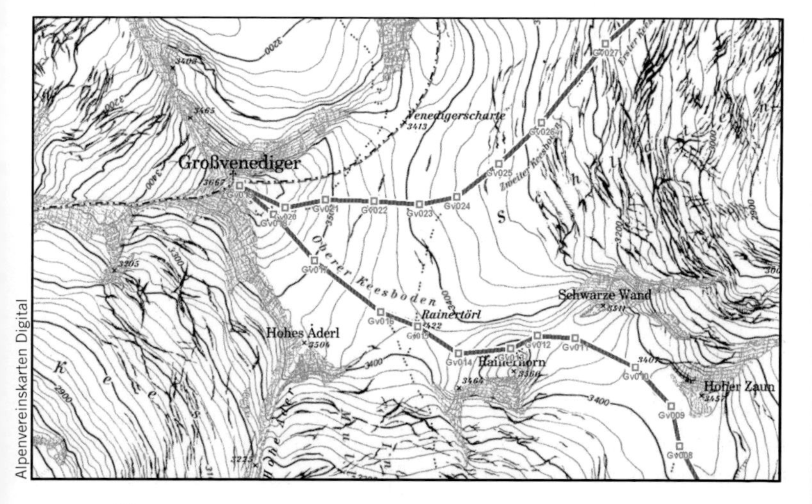

Touren planen Sie deshalb besser als Routen, die den Streckenverlauf durch eine Reihe von Wegpunkten festlegen. GPS führt Sie dann von Punkt zu Punkt, etwa so, als ob Sie mehrere GoTos aneinanderreihen würden.

Routen erstellen Routen können Sie nur aus bereits gespeicherten Wegpunkten erstellen. Wenn Sie eine Tour planen, müssen Sie also erst die Koordinaten aller Wegpunkte aus der Karte entnehmen und ins Gerät eingeben (siehe Kapitel »Koordinaten & Kartengitter«). Routen sind schnell angelegt: Rufen Sie (im Hauptmenü) das Menü »Routen« auf. Klicken Sie zuerst »Neue Route«, dann »Wegpunkt einfügen« (o. Ä.) an. Es öffnet sich das Wegpunkt-Menü, aus dem Sie jetzt den ersten Punkt Ihrer Route mit »Enter« auswählen. Entsprechend verfahren Sie mit allen weiteren Routenpunkten. Sollten Sie dabei einen Punkt vergessen oder an der falschen Stelle eingefügt haben, macht das nichts: Jede Route können Sie nachträglich bearbeiten, d. h. Wegpunkte einfügen, ersetzen, löschen oder verschieben. Routen lassen sich sogar umkehren, z. B. für den Rückweg.
Extra speichern müssen Sie Routen nicht, das erledigt Ihr Gerät automatisch. Allerdings sollten Sie jede Route möglichst eindeutig benennen, z. B. nach dem Gebiet, in dem Sie unterwegs sind. Das erleichtert das spätere Finden im Routenspeicher. Standardmäßig nummerieren die meisten Modelle Routen einfach durch.
Jede Route können Sie mit der Wipptaste Wegpunkt für Wegpunkt durchgehen. Dabei wird jeweils die Entfernung und die Richtung (der Kurswinkel) zwischen den einzelnen Wegpunkten angezeigt, also die Teilstrecken, aus denen die Route besteht.

Informativ: Im Menü einer Route kann man sich die Länge der Teilstrecken anzeigen lassen.

Auswahl der Wegpunkte Je mehr Wegpunkte Sie für eine Route auswählen, desto besser zeichnet sie den tatsächlichen Weg nach. **Wer Wert auf genaue Entfernungs-**

angaben legt, sollte deshalb möglichst viele Punkte festlegen. Was für die Navigation allerdings nicht immer erforderlich ist: Wenn Sie nur einem markierten Wanderweg folgen, brauchen Sie weniger Punkte als z. B. im weglosen, unübersichtlichen Gelände eines Hochplateaus.
So weit wie möglich sollten Sie auf der Karte markante Wegpunkte auswählen, die Sie im Gelände leicht wiederfinden, wie z. B. Abzweigungen, Wegkehren, Übergänge etc. Am besten, Sie tragen die Punkte auch auf der Karte ein, dann brauchen Sie unterwegs keine Koordinaten zu übertragen, um festzustellen, wo Sie sich gerade befinden. Schließlich zeigt Ihr Gerät immer an, welchen Wegpunkt Sie gerade ansteuern und wie weit Sie noch davon entfernt sind.
GPS-Geräte können Routen mit 50 bis 250 Wegpunkten speichern. Längere Mehrtagestouren werden Sie deshalb auf mehrere Routen verteilen müssen. Dabei sollte der letzte Punkt der ersten Route der Startpunkt der zweiten sein usw.

Navigieren mit Routen Und wie navigieren Sie mit Routen? Dazu rufen Sie einfach die Route im Verzeichnis mit »Enter« auf und klicken die Option »Navigieren« (o. Ä.) an. Einmal aktiviert, zeigt Ihr Satellitenempfänger auf der Navi-

Unsicheres Wetter? Mit einer gut geplanten Route kein Problem!

gationsseite Richtung und Entfernung zum ersten Wegpunkt an (allerdings nicht sofort, sondern erst nachdem Sie sich einige Meter bewegt haben, siehe S. 46).

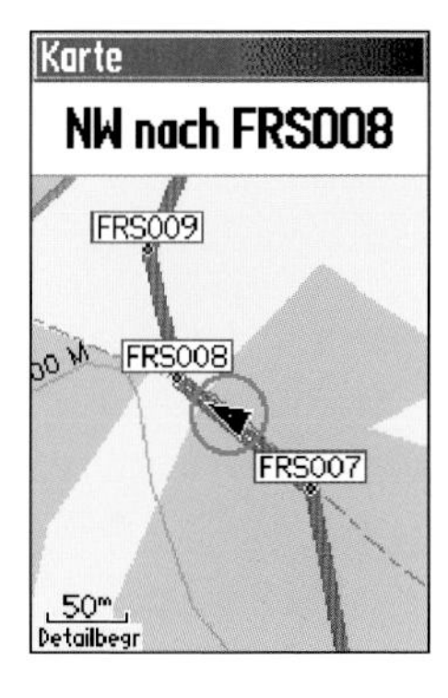

Bei der Routennavigation mit Kartenseite erkennt man Abzweigungen schon im Voraus.

Sobald Sie sich einem Wegpunkt nähern, macht Sie eine Meldung darauf aufmerksam (»Annäherung an Wegpunkt« o. Ä.). Haben Sie den Punkt schließlich erreicht, schaltet das Gerät automatisch auf den nächsten um.

Alternativ können Sie jeder Route mit der Kartenseite folgen, auf der die (aktivierte) Route und Ihre aktuelle Position dargestellt wird.

Der Vorteil: Sie haben einen besseren Überblick über die Wegstrecke und erkennen Abzweigungen schon wesentlich früher.

Um Strom zu sparen, peilen Sie unterwegs – wie mit Kompass – einen markanten Geländepunkt in Gehrichtung an und marschieren auf Sicht. Das Gerät müssen Sie dann nur zur gelegentlichen Kontrolle anschalten.

Auch mit Routen können Sie erste Erfahrungen direkt vor der Haustür sammeln. Stellen Sie sich mit unterwegs gespeicherten oder aus der Karte ermittelten Wegpunkten eine kleine Tour in der Umgebung Ihrer Wohnung zusammen. Variieren Sie dabei durchaus die Anzahl der Wegpunkte, so entwickeln Sie ein Gefühl für die Genauigkeit von Routen. Verlassen Sie die Route unterwegs auch einmal oder kürzen Sie ab. Nur so erfahren Sie, wie sich Ihr Gerät in unterschiedlichen Situationen verhält.

Tracks

Schalten Sie Ihr GPS-Gerät ein, wechseln Sie auf die Kartenseite und gehen Sie einige Meter. Im Display erscheint eine feine Spur, die Ihren Weg genau wiedergibt: ein Track. Jeder GPS-Empfänger zeichnet auf Wunsch die zurückgelegte

Mit Tracks kann man ganze Touren aufzeichnen.

Strecke auf. Und das nicht nur für die Tourenstatistik: Mit Tracks können Sie ebenfalls navigieren, z. B. um zurück zum Ausgangspunkt Ihrer Tour zu gelangen.

Das Track-Menü Alle Funktionen rund um Tracks finden Sie im Track-Menü, das Sie über das Hauptmenü erreichen. Dort können Sie die Trackaufzeichnung starten, Einstellungen vornehmen oder Tracks speichern und für die Navigation aktivieren.
Jeder neue Track wird zunächst im **Track Log** (auch als **Active Log** bezeichnet; »Trackaufzeichnung«) aufgezeichnet. Das Gerät erstellt dabei in kurzen Abständen (wenige Sekunden) Markierungen, die **Trackpunkte**, mit denen Position, Datum und Uhrzeit sowie Höhe gespeichert werden. Tracks geben eine Strecke sehr genau wieder, genauer als jede Route. Im Track-Menü können Sie verschiedene Einstellungen vornehmen, z. B. wie Sie **Tracks aufzeichnen**. Im Modus »Auto« erledigt das Gerät alles für Sie, wobei Sie meist die Wahl haben, wie detailliert die Aufzeichnung erfolgen soll. Je nach Einstellung – meist sind fünf Stufen zwischen »minimal« und »maximal« möglich – setzt das Gerät mehr oder

Vereint alle Funktionen rund um Tracks: Das Trackmenü.

weniger Trackpunkte, gibt den Weg also mehr oder weniger exakt wieder. In der Praxis reicht »normal« fast immer aus.
Alternativ können Sie als Aufzeichnungsart »Entfernung« oder je nach Modell auch »Zeit« wählen, wobei Sie das Intervall selbst eingeben müssen (bei Garmin-Geräten z.B. zwischen 10 m und 9 km). Die Einstellung »Zeit« eignet sich weniger, führt sie doch zu sehr ungleichmäßigen Tracks, da man bergauf langsamer vorankommt als bergab.
Sobald das Track Log voll ist, wird die Trackaufzeichnung von Beginn an überschrieben (»wrap«). Alternativ können Sie bei vielen Geräten auch »Aufzeichnung stoppen« einstellen, was sich empfiehlt, verlieren Sie doch sonst den Anfang des Tracks. Meist macht Sie ein Signalton auf ein volles Track Log aufmerksam. Speichern Sie dann die Aufzeichnung (siehe unten) und löschen Sie das Track Log, um wieder Platz zu schaffen.
Zur Trackaufzeichnung auf Tour befestigt man das Gerät am besten per Clip am Rucksackschultergurt. So haben Sie ausreichend Empfang, die Hände frei und das Gerät bleibt trotzdem in Reichweite. Beim Biken steckt der GPS-Empfänger ohnehin im Halter am Lenker.

Vor Beginn einer Tour sollten Sie den Track-Log-Speicher löschen und checken, ob die Aufzeichnung eingeschaltet ist. Am Schluss nicht vergessen, die Aufzeichnung wieder abzustellen und zu speichern. Andernfalls wird Ihr neuer Standort dem Track Log hinzugefügt, sobald Sie das nächste Mal Ihr Gerät starten.

Tracks speichern Die Aufzeichnung im Track Log können Sie speichern, indem Sie das entsprechende Feld im Track-Menü anklicken (siehe Abb. Display). Je nach Modell lassen sich im **Trackspeicher (Saved Log)** 10 bis 20 Tracks ablegen. Einmal gespeichert, können Sie das Track Log löschen und so freimachen für die Aufzeichnung Ihrer nächsten Tour.

Egal ob Schneesturm …

Allerdings bestehen Unterschiede zwischen den Modellen verschiedener Hersteller, wie Tracks gespeichert werden. Garmin-Geräte reduzieren das Track Log, weil sie umfangreichere Tracks aufzeichnen als speichern können. So lassen sich z. B. mit dem VentureCx Tracks mit bis zu 10 000 Punkten aufzeichnen, aber nur mit maximal 500 speichern. Das Gerät wählt dabei die 500 Punkte aus, an denen die größten Richtungsänderungen auftreten. Je länger also die Trackaufzeichnung ist, desto ungenauer wird sie gespeichert. Auf mehrtägigen Touren kann es deshalb nicht schaden, nicht erst bei vollem Track Log abzuspeichern, sondern jeden Tag einzeln.

Eine Ausnahme bilden Garmin x-Modelle mit Speicherkarte wie das VistaCx oder das GPSmap 60CSx, bei denen man die Trackaufzeichnung (das Track Log) unterwegs parallel auch auf der Karte speichern kann. Allerdings lassen sich diese

Tracks nur am PC auswerten, **nicht** aber zur Navigation aktivieren.
Hier liegen die Vorteile von Magellan-Geräten, die Tracks immer in voller Länge speichern, egal ob intern oder auf Karte. Ebenso können Sie mit den Tracks auf der Speicherkarte navigieren.

Mit Tracks navigieren (Trackback, Backtrack)

Mit der Funktion **Trackback** (auch als »Backtrack« bezeichnet) können Sie jeden gespeicherten Track zur Navigation aufrufen. Um Trackback zu aktivieren, wählen Sie den jeweiligen Track im Track-Menü mit »Enter« aus. Ein Fenster mit verschiedenen Optionen öffnet sich, in dem Sie das Feld Trackback (Track folgen o. Ä.) anklicken (u. a. können Sie hier den Track auch löschen oder auf der Kartenseite anzeigen lassen). Dabei haben Sie die Wahl, in welcher Richtung Sie dem Track folgen wollen: entweder zurück zum

... oder Sonnenschein, mit Tracks finden Sie auch tief verschneite Wege.

Ausgangspunkt oder – z.B. wenn Sie eine Tour wiederholen – zum Endpunkt.
Wieder zeigt Ihnen der Pfeil auf der Navigationsseite die Richtung an, in die Sie gehen oder fahren müssen. Je nach Belegung der Infofelder werden zusätzlich die Entfernung zum Ziel und weitere Daten angegeben. Alternativ können Sie jedem Track wie bei Routen auch über die Kartenseite folgen.
Bei neueren Geräten besteht zudem die Möglichkeit, nicht nur mit gespeicherten Tracks zu navigieren, sondern auch direkt mit der (je nach Modell genaueren) Aufzeichnung im Track-Log-Speicher.

Unterwegs mit Tracks Tracks bieten umfangreiche Navigationsmöglichkeiten, z.B. in kritischen Situationen: Weil Sie Wege sehr genau aufzeichnen, finden Sie z.B. auch im dichten Nebel durch das Spaltengewirr eines Gletschers oder auf einer Wintertour über die tief verschneite Aufstiegsspur zurück zur Hütte. Wesentlich leichter als mit GoTo oder einer umgekehrten Route.
Tracks können Sie natürlich auch auf Touren statt Routen einsetzen. Dabei müssen Sie nicht nur auf selbst aufgezeichnete Tracks zurückgreifen: Besuchen Sie einfach eins der zahlreichen Tourenportale im Internet, wo eine Fülle von Wander-, Rad- und Mountainbiketouren in Trackform zum meist kostenlosen Download auf Sie warten (siehe Kapitel »GPS & PC«).
Am PC können Sie mit digitalen Karten sogar eigene Tracks erstellen und auf Ihr Gerät übertragen. Ein Vorteil, den vor allem Biker zu schätzen wissen. Weil jedes GPS-Gerät umfang-

Erste Wahl für Biker: Tracks.

reichere Tracks als Routen speichert, kann man Touren so wesentlich genauer planen.
Selbst aufgezeichnete Tracks eignen sich ideal zum Aufbau eines Tourenarchivs (siehe Kapitel »GPS & PC«). Oder Sie tauschen Touren mit Freunden: Wenn Sie eine Tour empfehlen, liefern Sie die GPS-Daten gleich mit.
Erste Erfahrungen mit der Tracknavigation können Sie einmal mehr vor der Haustür sammeln. Schalten Sie Ihr Gerät ein, löschen Sie das Track Log, stellen Sie die Trackaufzeichnung an und marschieren Sie los. Ändern Sie dabei durchaus öfter die Richtung. Auf der Kartenseite erscheint Ihr Weg jetzt mit allen Windungen und Wendungen.
Nach einigen Minuten aktivieren Sie Trackback und geben als Ziel den Ausgangspunkt an. Ihr Satellitenguide führt Sie jetzt per Pfeil auf der Navigationsseite exakt den gleichen Weg zurück. Wechseln Sie unterwegs auch zur Kartenseite: Dort müssen Sie nur darauf achten, immer auf dem Track zu bleiben.

Auch im Zeitalter von GPS unersetzlich: Eine genaue Karte.

Ein Wort zum Schluss

Keine Frage: GPS ist vielseitiger als jedes andere Navigationsmittel. Doch das beste Gerät nützt nichts, wenn Sie im Ernstfall nicht damit umgehen können. Besorgen Sie sich eine Karte von Ihrem Wohnort, planen Sie kleine Touren in der Umgebung und machen sich so mit den Möglichkeiten der GPS-Navigation und Ihrem Gerät vertraut. Ebenso eignen sich Touren in bekanntem Gelände exzellent für erste Erfahrungen, auch wenn Sie dort prima ohne GPS zurechtkommen würden. Nur Übung macht den Meister!

Tipp!

Für Touren gilt: Packen Sie zusätzlich immer eine Papierkarte und einen Kompass ein. Selbst dann, wenn Sie Karten auf Ihren Satellitenempfänger geladen haben. Ein Gerät kann ausfallen, Batterien können sich erschöpfen. Wer dann nicht mit Karte und Kompass umzugehen weiß, sitzt schnell in der Klemme!

Ein Beispiel aus der Praxis

Grau ist alle Theorie! Deshalb soll die Praxis der GPS-Navigation anhand einer dreitägigen Beispieltour veranschaulicht werden, die unterschiedliche Einsatzmöglichkeiten Ihres Satellitenempfängers aufzeigt.
Die Tour führt teilweise weglos durch alpines Gelände, der sichere Umgang mit GPS ist also gefragt. Schon zu Hause haben Sie auf der Karte die beste Route ausgetüftelt, Wegpunkte markiert, Koordinaten mit Planzeiger abgelesen und im Gerät gespeichert. Haben Sie dabei auch nicht vergessen, das richtige Kartenbezugssystem einzustellen (siehe Kapitel »Koordinaten & Kartengitter«)?
Der Startpunkt Ihrer Tour liegt an einem Highway. Sicherheitshalber speichern Sie den Ausgangspunkt noch einmal (W 1), schließlich lassen sich Koordinaten vor Ort genauer ermitteln (Kapitel »Auf Tour mit GPS«). Der erste Abschnitt der Tour führt über einen gut ausgeprägten Track zu einem See, an dem Sie übernachten wollen (W 1–16). Die Orientierung ist kein Problem. Um Batterie zu sparen, zücken Sie Ihren Satellitenempfänger nur gelegentlich, um die Position zu prüfen. Auch möchten Sie wissen, wie weit es noch zum See ist.
Kaum angekommen, entscheiden Sie sich noch zu einem Ausflug zum idyllisch gelegenen Oberen See (A 1), zu dem ein undeutlicher Pfad führt. Weil es schon etwas später ist, schalten Sie die Trackaufzeichnung ein. Im Notfall, falls die Dunkelheit Sie einholt, finden Sie so mit Trackback leicht wieder zurück zum Camp.

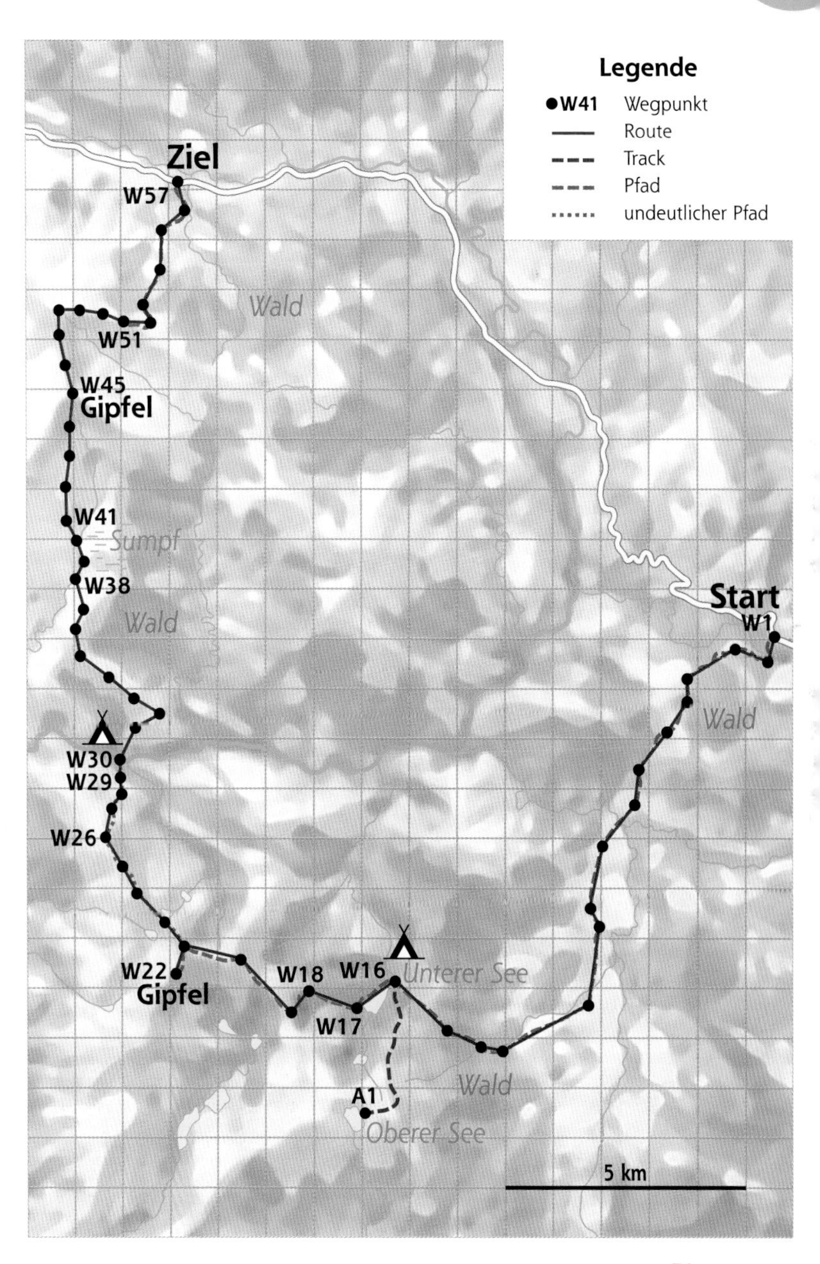

Legende
W41 Wegpunkt
Route
Track
Pfad
undeutlicher Pfad
Ziel
W57
Wald
W51
W45
Gipfel
W41
Sumpf
W38
Wald
Start
W1
Wald
W30
W29
W26
W22
Gipfel
W18
W16
Unterer See
W17
Wald
A1
Oberer See
5 km

Am nächsten Morgen ist der weitere Weg bis zum Gipfel (W 22) nicht zu verfehlen. Die gelegentliche Standortkontrolle mit GPS erfordert anfangs allerdings etwas Geduld, weil Ihr Gerät in der engen, dicht bewaldeten Schlucht westlich des Sees (W 17–18) mit Empfangsproblemen kämpft. Doch mithilfe der Satellitenseite schaffen Sie es, Ihr Gerät optimal auszurichten (Kapitel »Erste Schritte«).
Vom Gipfel weg wird die Tour anspruchsvoller, der Pfad zunehmend undeutlicher. Macht nichts, auf dem ausgeprägten Rücken kommen Sie auch ohne GPS gut voran. Doch plötzlich hüllen tief liegende Wolken den Grat ein. Jetzt ist GPS gefordert, denn ohne würden Sie den richtigen Abstieg zum Fluss nicht finden (W 26). Dank Ihres Satellitenguides entdecken Sie auch gleich den richtigen »Durchschlupf« durch den Waldgürtel (W 29), der Sie noch vom nächsten Camp am Fluss (W 30) trennt.
Tags darauf wartet die unberührte Wildnis auf Sie: Sie müssen sich Ihren Weg selbst suchen. Klar, dass Sie jetzt mit GPS navigieren. Schon vorab haben Sie diesen Abschnitt sehr genau mit vielen Wegpunkten geplant (W 30–51). Trotzdem

Mit GPS wesentlich einfacher: Die Durchquerung der sumpfigen Ebene.

Morgenstimmung am See, dem ersten Übernachtungsplatz.

erfordert das Finden des richtigen Weges einiges Gespür: GPS gibt Ihnen zwar die generelle Richtung vor, Ihren Weg müssen Sie aber immer wieder den Geländegegebenheiten anpassen. Sicherheitshalber lassen Sie die Trackaufzeichnung mitlaufen, um im Notfall schneller zurückzufinden.
Gegen Mittag setzt Schlechtwetter ein: Schneeregen, Nebel, kaum Sicht. Gut, dass Sie mit GPS unterwegs sind: Vor allem die Überquerung der sumpfigen Ebene (W 38–41) wäre mit Karte und Kompass ein zeitraubendes Unterfangen, zwingen Sie doch kleine Tümpel und reißende Bäche immer wieder, die geplante Route zu verlassen. Dank GPS kommen Sie trotzdem gut voran.
Schließlich erreichen Sie den nächsten Gipfel (W 45), das Wetter bessert sich. Sie peilen mit GPS nur ab und zu die weitere Richtung und marschieren weitgehend auf Sicht (W 45–50). Erst als Sie sich einem Track nähern (W 50–51), der zurück zum Highway führt, schalten Sie wieder auf Dauernavigation um. Zum Glück: Die anfangs kaum erkennbare Pfadspur hätten Sie sonst glatt übersehen! Nach und nach wird der Track deutlicher, schließlich stecken Sie Ihren Satellitenguide in die Tasche. Die letzten Meter zum Highway (W 57), wo schon der Shuttle-Service auf Sie wartet, schaffen Sie auch ohne.

GPS & PC

Keine Frage, GPS ist vielseitiger und komfortabler als jedes andere Navigationsmittel. Allerdings gestaltet sich die Planung mit Papierkarte und Planzeiger recht mühsam, vor allem bei langen Touren. Noch dazu schleichen sich beim Ablesen und Eintippen der Koordinaten leicht Fehler ein. Doch es gibt eine Alternative: die Tourenplanung mit Computer.

Tourenplanung am PC

Die Vorteile der GPS-Navigation kann man erst mit PC so richtig nutzen. Inzwischen gibt es ein breites Angebot an digitalen Karten und Programmen, mit denen die Tourenvorbereitung im Nu erledigt ist. Einige Klicks mit der Maus und schon steht die Tour, egal ob Route oder Track. Ein weiterer Klick und alle Daten sind auf das Gerät übertragen. Die bequeme Tourenvorbereitung ist nicht der einzige Vorteil, kann man doch Wegpunkte, Routen und Tracks auch vom Gerät auf den Computer laden und sich in digitalen Karten anzeigen lassen. Insbesondere unterwegs aufgezeichnete Tracks eignen sich hervorragend zum Aufbau eines Tourenarchivs, lassen Sie sich doch auf vielfältige Weise auswerten, u.a. mit Höhen- und Steigungsprofil.

Digitale Karten

Wer eine Tour vorbereiten will, braucht eine Karte. Das ist bei der Planung mit PC nicht anders. Hier bildet die digitale Karte die Grundlage. Doch digitale Karte ist nicht gleich digitale Karte. Grundsätzlich gibt es zwei Formate:

- **Rasterkarten** für die Tourenplanung am PC
- **Vektorkarten** zum Laden auf GPS-Geräte.

Rasterkarten für die Tourenplanung am PC

Rasterkarten sind die häufigste Form digitaler Karten. Das Kartenbild gleicht dem von Papierkarten. Kein Wunder, waren die ersten Rasterkarten doch nichts anderes als eingescannte Karten. Rasterkarten bestehen aus unzähligen, winzig kleinen Bildpunkten (Pixeln), die mit zunehmender Vergrößerung am Bildschirm sichtbar werden – die Karte wird unscharf. Vielleicht kennen Sie das Phänomen von Digitalfotos, die sich am Bildschirm auch nur bis zu einer bestimmten Größe zoomen lassen. Im Unterschied zu Vektorkarten zeigen Rasterkarten unabhängig von der Vergrößerung immer das gleiche Kartenbild (wie Papierkarten).

Rasterkarten bilden die ideale Basis für die Tourenplanung am PC. Dazu ist nicht unbedingt ein zusätzliches Programm nötig, alle Karten verfügen bereits über eine entsprechende –

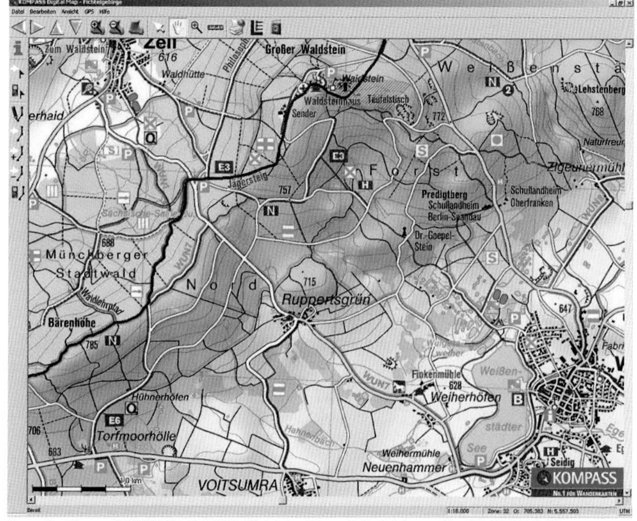

Beispiel einer Rasterkarte: Die Digital Maps von Kompass.

Ausschnitt aus KOMPASS K 4191 Fichtelgebirge digital, Lizenz-Nr: 91-1106-LAB

wenn auch einfache – Software. **Doch aufgepasst beim Kauf: Nicht alle Karten besitzen Schnittstellen zu allen GPS-Geräten!**

Im Vergleich zur Papierversion bieten Rasterkarten weitere Vorteile. Beispiel Preis: Die Papierausgabe aller 50 Alpenvereinskarten kostet ca. 500 €, für die DVD-Version müssen Sie lediglich 99 € investieren.

Wichtig!

Um Missverständnisse zu vermeiden: Rasterkarten lassen sich nicht auf GPS-Geräte übertragen. Will man sie auf Tour nutzen, benötigt man einen PDA (siehe S. 87).

Vektorkarten für GPS-Geräte Vektorkarten fallen sofort durch das schematische, stark von gedruckten oder Rasterkarten abweichende Kartenbild auf: Das Gelände mit Ortschaften, Straßen, Flüssen, Seen und Wäldern wird in Form von Linien und Flächen wiedergegeben (Vektor-

daten; siehe Abb. S. 82). Meist enthalten Vektorkarten zahlreiche **Points of Interest (POI)**, spezielle Wegpunkte, die interessante Punkte wie Sehenswürdigkeiten, Hotels, Berggipfel und vieles mehr darstellen. Alle Objekte können mit verschiedensten Informationen hinterlegt sein, von Straßennamen bis hin zu Adressen oder Höhenangaben. Sie werden sichtbar, sobald man mit dem Cursor über den Bildschirm bzw. das GPS-Display fährt. Anders als Rasterkarten zeigen Vektorkarten je nach Vergrößerung (Zoomstufe) unterschiedlich viele Details. Beispielsweise werden umso kleinere Straßen und Wege dargestellt, je höher die Zoomstufe ist.
Das Angebot aufladbarer Karten für Outdoor-Geräte reicht inzwischen von topografischen über Straßen- bis hin zu nautischen Karten.
Doch Vorsicht: Übertragen lassen sich nur Karten des jeweiligen Herstellers, auf Garmin-Geräte also keine Magellan-Karten und umgekehrt.

Wichtig!

Welche Karte wofür?

Inzwischen macht ein stetig steigendes Angebot an digitalen Karten der Papierkarte zunehmend Konkurrenz. Vor allem für Deutschland ist die Auswahl groß, liegen neben zahlreichen topografischen doch inzwischen auch Wanderkarten auf CD bzw. DVD vor. Doch welche Karte eignet sich für welchen Zweck?

MagicMaps

Topografische Rasterkarten für den PC

Erste Wahl für die Tourenplanung am Computer sind topografische Karten im Maßstab 1:50 000 oder 1:25 000. Zu den Pluspunkten zählen die sehr genaue Geländedarstellung und die relativ umfangreichen Möglichkeiten, die sie bereits ohne weitere Software für die Tourenplanung bieten (siehe Abschnitt Top50). Auch lassen sich viele Karten mit Zusatzprogrammen auf Pocketcomputern (PDA) nutzen (siehe S. 87).

Inzwischen gibt es ein breites Angebot: Für Deutschland (**Top50**, Abb. S. 81; **MagicMaps,** Abb. S. 84), Österreich (**AMAP Fly, MagicMaps**), die Schweiz (**Swiss Map 25/50** und **MagicMaps**) und weitere Länder sind Karten verfügbar. Leider enthalten weder die MagicMaps noch die Top50 Wander- und Radwegmarkierungen. Vorbildlich dagegen die Swiss Map 25: Wanderwege kann man nicht nur aus- und einblenden, sondern auch als Tracks in Geräte laden.

Digitale Rasterkarten für die Tourenplanung am PC

Herausgeber	Karte	Maßstab	Wofür?
Landesvermessungs-ämter	Top50	1:50 000	W, B, (RT), MB, P
MagicMaps	Interaktive Karten D, A, CH	1:25 000	W, B, (RT), MB, P
DAV/ÖAV	Alpenvereins-karten Digital	meist 1:25 000	W, B, (MB)
Kompass	Digital Maps	meist 1:50 000	W, (B), RT, MB
ADAC	ADAC TourGuide	1:50 000	W, RT, (MB)
Bundesamt für Eich- und Vermessungs-wesen	Amap Fly (Österreich)	1:50 000	W, B, (RT), MB, P
Swisstopo	Swiss Map 25/50	1:25 000/1:50 000	W, B, (RT), MB, P

W = Wandern, B = Bergsteigen, RT = Radtouren, MB = Mountainbike, P = Paddeln

Kompass Digital Maps

Wander- und Freizeitkarten für den PC Der Vorteil gegenüber topografischen Karten: Freizeitkarten enthalten viele touristische Infos, wie Wander- und Radwege, Skirouten, Gaststätten, Zeltplätze oder Museen. Allerdings erreichen Wanderkarten in punkto Genauigkeit und Geländedarstellung nicht das Niveau topografischer Karten. Auch sind sie nicht flächendeckend, sondern nur von touristisch interessanten Regionen erhältlich.
Das umfangreichste Angebot kommt derzeit von **Kompass (Digital Maps,** Abb. S. 76), u. a. mit einigen Karten von Italien (sonst ein

weißer Fleck, was Digitalkarten angeht). Ebenfalls empfehlenswert, vor allem für Wanderer und Tourenradler: der **ADAC TourGuide**, eine Kombination aus Digitalkarte und Führer, mit dem man nicht nur eigene Touren planen, sondern auch unter einer Vielzahl fertiger Tourenvorschläge mit GPS-Daten wählen kann.
Eine exzellente Grundlage für Berg-, Ski- und Hochtouren bilden die sehr genauen **Alpenvereinskarten Digital** (Abb. S. 60), deren Geländedarstellung auf dem Niveau topografischer Karten liegt. Als weitere Besonderheit kann man Skirouten einblenden und als Tracks ins Gerät übertragen.

Topografische Vektorkarten Auf GPS-Geräte ladbare topografische Karten bieten einen großen Vorteil: Unterwegs genügt ein Blick auf das Display und man weiß, wo man ist, ohne erst mühsam Koordinaten in eine gedruckte Karte übertragen zu müssen. Das Praktische dabei: Der Kartenausschnitt verschiebt sich automatisch mit (»Moving Map«).
Die Karten kauft man auf CD bzw. DVD, installiert sie am PC und überträgt Ausschnitte auf das Gerät. Auch Vektorkarten enthalten eine Software für die Planung und Auswertung von Touren, die – zumindest bei Garmin – in punkto Funktionsumfang der von Rasterkarten vergleichbar ist. Magellan bietet als Besonderheit eine Topo Frankreich auf SD-Speicherkarte an, die einfach nur ins Gerät gesteckt wird. Allerdings ist mit derartigen Karten keine Planung am PC möglich.
Mittlerweile gibt es von Garmin (**MapSource-Karten**), aber auch Magellan (**MapSend-Karten**) eine stattliche Anzahl aufladbarer Topo-Karten, vor allem für Europa, die USA und Kanada. Das umfassendste Angebot kommt von Garmin, u. a. mit Deutschland (siehe S. 82), Österreich und der Schweiz. Ein Argument, das Sie auch beim Gerätekauf berücksichtigen sollten.

Garmin MapSource »Topo Deutschland«

Vektorkarten für GPS-Geräte (Auswahl)			
Anbieter	**Karte**	**Grundmaßstab**	**Wofür?**
Garmin	MapSource Topo Deutschland	1:25 000	W, B, RT, MB, P
Garmin	MapSource Topo Österreich	1:50 000	W, B, RT, MB, P
Garmin	MapSource Topo Schweiz	1:50 000 (z. T. 1:25 000)	W, B, RT, MB, P
Garmin	MapSource City Navigator Europe	—-	A
Magellan	MapSend Topo 3D Deutschland	1:25 000	W, B, RT, MB, P
Magellan	MapSend Dircet Route Europe	—-	A

W = Wandern, B = Bergsteigen, RT = Radtouren, MB = Mountainbike, P = Paddeln, A = Autonavigation

Straßenkarten für GPS-Geräte Karten wie **MapSource City Navigator** von Garmin oder **MapSend Direct Route** von Magellan verwandeln (routingfähige) Outdoor-Geräte im Handumdrehen in ein Autonavigationssystem mit automatischer Routenberechnung, allerdings ohne Sprachansage. Abzweigungen werden stattdessen durch eine Abbiegevorschau mit Warnton angekündigt.

Garmin MapSource »City Navigator«

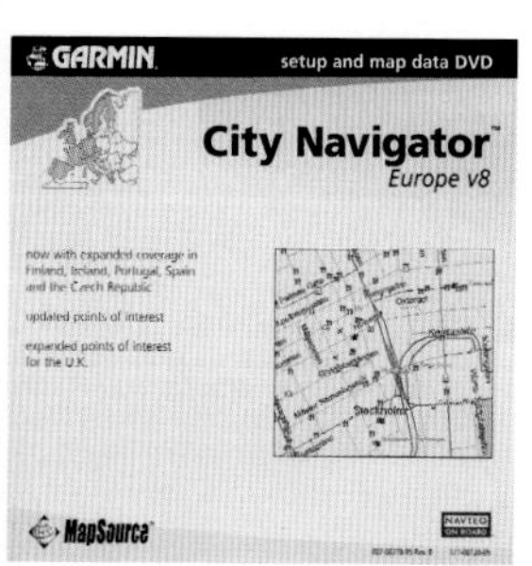

Weiteres Plus: Sie suchen eine Bleibe für die Nacht oder wollen sich nach einer Tour den Bauch vollschlagen? Kein Problem, die Karten enthalten (wie auch topografische Vektorkarten) zahlreiche »Points of Interest« (POI), vom Hotel bis zur Tankstelle, die Sie ebenfalls per GPS ansteuern können.

Beispielkarten

Die Eigenschaften und Möglichkeiten, die digitale Karten bereits ohne zusätzliche Programme bieten, werden im Folgenden anhand von zwei weit verbreiteten Beispielkarten näher vorgestellt.

Rasterkarten: Top50 Die Top50, die topografischen Karten der Landesvermessungsämter im Maßstab 1:50000, zählen, was die Möglichkeiten für die Tourenplanung angeht, sicherlich zu den vielseitigeren Rasterkarten. Jedes Bundesland wird durch eine CD bzw. DVD abgedeckt, deren Preis bei ca. 35–79 € liegt.
Die brandneue Version 5.0 glänzt mit einer sehr plastischen Wiedergabe des Geländes. Allerdings beschränkt sich die Darstellung nicht auf das normale Kartenbild: Eine

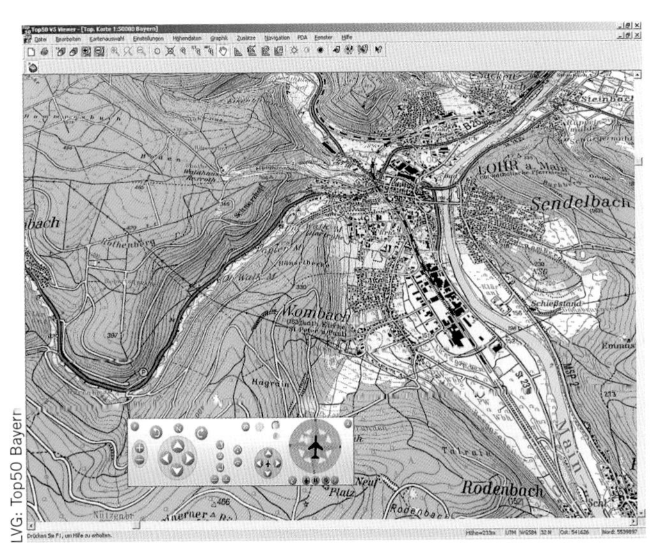

LVG: Top50 Bayern

Im 3D-Flug über die Landschaft: Top50

leistungsfähige 3D Funktion ermöglicht sogar den virtuellen Flug über die Landschaft. So können Sie schon zu Hause gucken, wo unterwegs die steilsten Anstiege lauern.
In punkto Tourenplanung bieten die Top50 bereits einiges: So lassen sich Wegpunkte, Routen und Tracks anlegen, auf Garmin-, Magellan- und Suunto-Geräte laden und zusammen mit dem entsprechenden Kartenausschnitt und einem Höhenprofil für unterwegs ausdrucken. Die Planung wird zusätzlich durch eine detaillierte Ortsdatenbank erleichtert, mit der sich die Karte ohne langes Suchen auf (nahezu) jeden beliebigen Ort zentrieren lässt.

Unterwegs gespeicherte Wegpunkte, Routen und Tracks können Sie vom GPS-Gerät in die Karten laden und auswerten. Unter anderem ist es sogar möglich, aufgezeichnete Touren per »Track Replay« virtuell auf der Karte zu wiederholen. Die Top50 besitzt eine Reihe weiterer Features, die aus Platzgründen unerwähnt bleiben müssen. Hierzu gehört eine vielseitige Grafikfunktion, mit der man die Karten durch eigene Infos wie z. B. fehlende Wege ergänzen kann.
Bei aller Qualität hat die Top50 auch Nachteile: Leider fehlen je nach Region sogar Pfade, über die Wanderwege führen. Schade auch, dass nur wenige Länder, wie z. B. Baden-Württemberg, eine Freizeitversion mit Wegmarkierungen und touristischen Infos herausgeben.

Vektorkarten: Garmin MapSource Topo Deutschland Die Topo Deutschland beruht auf den digitalen Kartendaten der Landesvermessungsämter im Maßstab 1:25 000. Ihre Stärke liegt in der relativ genauen Geländewiedergabe mit einem gelungenen, auch auf dem Gerätedisplay sehr übersichtlichen Kartenbild. Neben Ort-

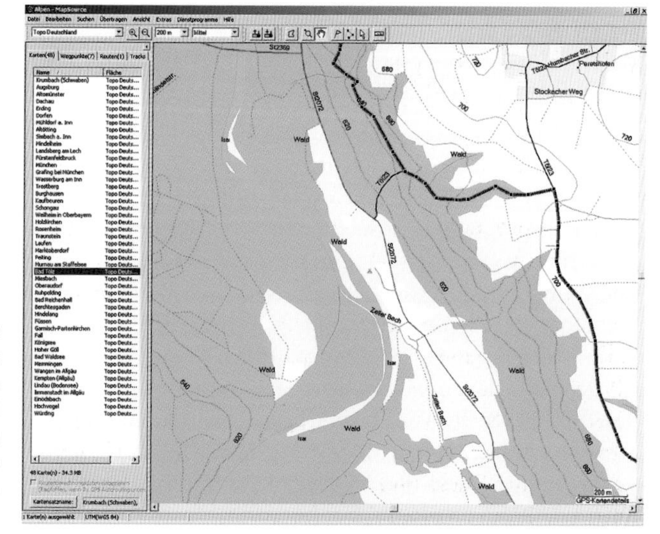

Aufladbare Karten wie die MapSource Topo Deutschland von Garmin erweitern die Möglichkeiten von GPS immens.

schaften, Straßen, Wald, Flüssen und Wegen werden auch unterschiedliche Geländeformen wie Fels, Marschland (Moore), Schrofen oder Gletscher durch eigene Übersignaturen dargestellt.
Zahlreiche »Points of Interest« (POIs), die mit auf das Gerät übertragen werden, liefern weitere wertvolle Infos, angefangen von Gipfeln bis zu Tankstellen und Parkplätzen. Schade nur, dass Pfade und Fahrwege mit der gleichen Signatur dargestellt sind (was auch für die ähnliche MapSend Topo 3D Deutschland von Magellan gilt).
Die Genauigkeit des Wegenetzes variiert je nach Bundesland, was an den Ausgangsdaten der jeweiligen Landesvermessungsämter liegt (vgl. Top50). So vermisst man je nach Region leider auch Wanderpfade. Trotzdem bleibt die Topo Deutschland eine lohnende Anschaffung für Wanderer, Biker und Paddler, zumal sie auch mit einer einfachen Software zur Tourenplanung ausgestattet ist. Die Topo Deutschland wird als 2-CD-Set angeboten, Teil Nord und Süd, wobei jede CD auch einzeln erhältlich ist (199 bzw. 129 €).

Planungsprogramme

Wenn Sie regelmäßig Touren am PC planen, lohnt sich die Anschaffung eines Planungsprogramms wie Fugawi oder Touratech QV. Sie bieten wesentlich weitreichendere Möglichkeiten für die Vorbereitung, Auswertung und Archivierung von Touren als die Software digitaler Karten:

- Planungsprogramme unterstützen **zahlreiche Rasterkarten**, darunter die meisten in Deutschland, Österreich und der Schweiz erhältlichen topografischen und Wanderkarten. Der Vorteil: Auch wenn Sie mit verschiedenen Karten arbeiten, können Sie alle Touren mit ein und demselben Programm planen und archivieren.
- Mit Fugawi & Co lassen sich **Wegpunkte, Routen und Tracks** erstellen, mit der Software vieler digitaler Karten dagegen nur Tracks und Wegpunkte (wobei sich Letztere nicht zu Routen kombinieren lassen).

- Mit Planungsprogrammen stehen Ihnen umfangreichere Möglichkeiten zur **Bearbeitung von Tracks** zur Verfügung. Mehr dazu im Abschnitt »Touratech QV«.
- Fugawi und Touratech QV besitzen **Schnittstellen** zu allen gängigen GPS-Geräten von Garmin, Magellan, Silva, Suunto und Lowrance, digitale Karten oft nur zu Garmin, teilweise auch zu Magellan und Suunto.
- Sie finden keine digitalen Karten von Ihrem Urlaubsziel? Mit Planungsprogrammen kein Problem, können Sie doch auch **eingescannte Papierkarten** für die Tourenvorbereitung verwenden. Damit lassen sich GPS-Touren für jedes Gebiet planen, von dem es Karten gibt.

Fugawi Global Navigator

Fugawi (149 €) dürfte das derzeit unter Outdoor-Anwendern verbreitetste Programm sein. Dazu trägt sicherlich auch der übersichtliche Aufbau bei, der die Tourenplanung auch Einsteigern leicht macht. Wegpunkte, Routen und Tracks lassen sich bequem mit wenigen Mausklicks erstellen, übersichtlich in Verzeichnissen verwalten und mit allen gängigen

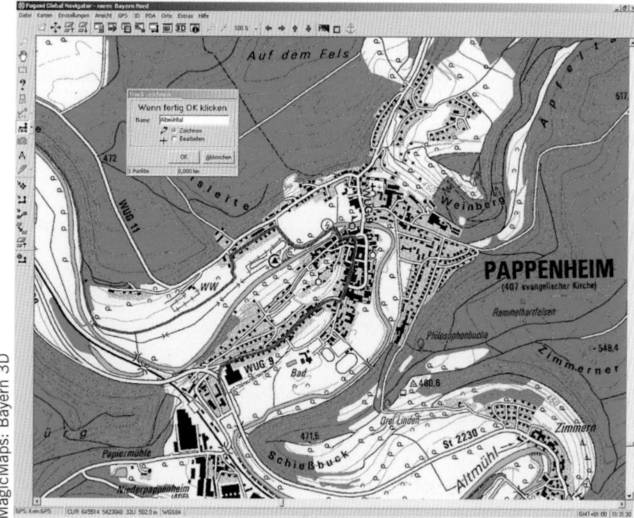

Planungsprogramme wie Fugawi bieten vielseitige Optionen für die Tourenplanung.

MagicMaps: Bayern 3D

GPS-Modellen (außer Alan) austauschen. Für unterwegs können Sie den entsprechenden Kartenausschnitt mit Wegpunkten, Routen und Tracks ausdrucken.
Natürlich unterstützt die kanadische Software viele Digitalkarten, von der Top50 bis zu den Kompass Digital Maps. Demnächst sollen Garmin MapSource-Karten hinzukommen. Auch steht der Verwendung selbst gescannter Karten nichts im Wege. Darüber hinaus kann man beliebige Kartenausschnitte und Daten auf PDAs übertragen und für die Navigation unterwegs nutzen (siehe S. 87). Im Gegensatz zu Touratech QV enthält das Programm die nötigen Funktionen bereits.
Eine umfangreiche Ortsdatenbank ist ebenso an Bord wie Höhendaten von Europa. Letztere bilden u. a. die Grundlage für eine gelungene 3D-Funktion, die die plastische Darstellung von Kartenausschnitten – auch von selbst gescannten – mit Routen, Tracks und Wegpunkten ermöglicht. Apropos Wegpunkte: Jeder Punkt lässt sich mit Fotos, Videos oder eigenen Kommentaren und Infos verlinken – optimale Voraussetzungen für den Aufbau eines eigenen Tourenarchivs.

Touratech QV

Sie suchen eine Alternative zu Fugawi? Dann werden Sie vielleicht bei Touratech QV (TTQV; ab 99 €) fündig, das seinem Konkurrenten in nichts nachsteht.
Hervorzuheben sind vor allem die exzellenten Möglichkeiten zur Track-Bearbeitung: Bei schlechtem Empfang weisen Tracks manchmal Lücken oder größere Ungenauigkeiten auf. Mit TTQV kein Problem: Trackpunkte lassen sich auf der Karte jederzeit verschieben, löschen oder einfügen. Ebenso ist es möglich, Tracks zu glätten (»reduzieren«). Dabei werden überflüssige Trackpunkte gelöscht, an denen keine wesentliche Richtungsänderung erfolgte, z. B. bei Pausen oder auf geraden Strecken. So lässt sich jeder Track für das »nächste Mal« optimieren. Und sollte ein Track, egal ob selbst geplant oder aus einem Tourenportal heruntergeladen, aus mehr Punkten bestehen, als Ihr Gerät speichert, können Sie ihn mit TTQV sogar automatisch aufteilen.

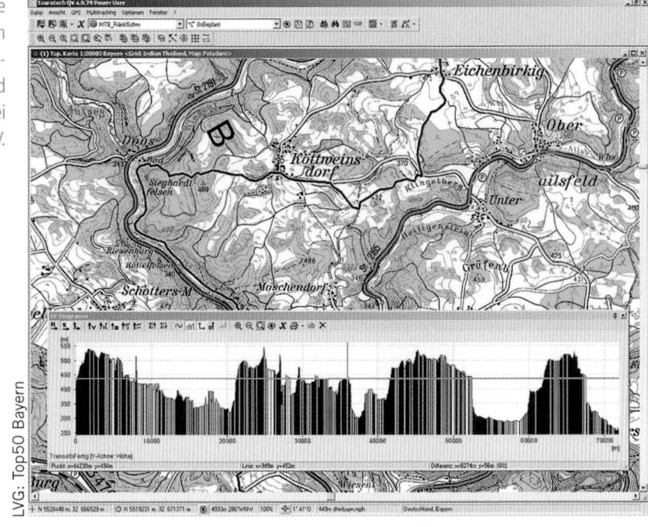

Exzellent: Die Möglichkeiten zur Trackbearbeitung und -auswertung bei Touratech QV.

LVG: Top50 Bayern

Als weitere Besonderheit unterstützt TTQV als bisher einziges Planungsprogramm neben vielen Raster- auch Garmin MapSource-Karten. Sogar eigene Karten lassen sich zeichnen und auf Garmin-Modelle übertragen.
Kleiner Nachteil der vielseitigen Software: Die Menüvielfalt erfordert einige Einarbeitungszeit, trotz des gut gemachten Handbuchs. Auch ist für die PDA-Anbindung ein Zusatzprogramm erforderlich (Pathaway; 49 €).

Alternativen

Sparfüchse finden im Internet günstige Alternativen zu Fugawi und Touratech QV. **Share- und Freeware-Programme** wie z. B. GARtrip und GPSTrackmaker (siehe Anhang) bieten zwar nicht den Funktionsumfang, aber doch bereits erstaunlich viele Möglichkeiten für die Tourenplanung. Der wichtigste Unterschied: Im Gegensatz zu Fugawi & Co. können beide **keine** Karten von CD bzw. DVD wie die Top50 verarbeiten. Der Verwendung selbst gescannter Karten steht jedoch nichts im Wege.

Wer keinen Wert auf Tourenplanung am PC legt, findet vielleicht Gefallen an einem einfachen **Programm für den Datenaustausch** wie G7ToWin. Einerseits lassen sich per PC-Tastatur auch aus Papierkarten entnommene Koordinaten wesentlich schneller eingeben als mit den Gerätetasten, andererseits können Sie den Computer als Ablage für Wegpunkte, Routen und Tracks nutzen. Schließlich ist der Gerätespeicher begrenzt.

GPS und PDA

Mobile Pocketcomputer, auch PDA (Personal Digital Assistant) genannt, werden immer beliebter. Nicht nur als elektronischer Terminplaner, sondern mit GPS-Empfangsteil und entsprechender Software auch als Autonavigationssystem. Doch die Handheld-PCs lassen sich sogar für Wander- und Biketouren als Navigator einsetzen. Der Vorteil: Mit den Kleincomputern können Sie Rasterkarten wie die Top50 oder die MagicMaps für die GPS-Navigation unterwegs verwenden, was mit GPS-Geräten nicht möglich ist. Dazu brauchen Sie lediglich ein **Planungsprogramm** wie Fugawi oder Touratech QV mit Erweiterung für PDAs, mit

Von Ihrem Urlaubsziel gibt's keine Digitalkarte? Mit Planungsoftware und gescannter Karte gelingt die Tourenplanung trotzdem!

Der PDA macht's möglich: Die GPS-Navigation mit Rasterkarten.

dem sich Ausschnitte jeder in Fugawi und TTQV ladbaren Karte (auch selbst gescannter) auf einen Handheld übertragen lassen. Komplett mit Wegpunkten, Routen und Tracks! Während bei Fugawi die PDA-Erweiterung bereits enthalten ist, muss sie für TTQV zusätzlich angeschafft werden (Pathaway, 49 €). Mit beiden Programmen bieten PDAs ähnlich umfangreiche Navigationsmöglichkeiten wie GPS-Geräte.
Es geht aber auch billiger: Für die meisten Digitalkarten gibt es inzwischen günstige **PDA-Erweiterungen**, wie z. B. den Geogrid PDA-Viewer für die Top50 (25 €) oder MagicMaps2Go für MagicMaps und Kompass Digital Maps (29,90 €). Manchmal ist die PDA-Anbindung wie bei den Alpenvereinskarten Digital auch integriert. Allerdings bieten derartige Zusatzprogramme nicht die Möglichkeiten von Fugawi und Touratech QV (bzw. Pathaway). Beispielsweise lässt sich die PDA-Erweiterung in der Regel nur mit der jeweiligen Karte verwenden: Wer verschiedene und auch selbst gescannte Karten nutzen will, fährt mit einem Planungsprogramm besser.
Um die Vorzüge der Navigation mit Rasterkarten genießen zu können, ist nicht unbedingt ein PDA mit eingebautem GPS-Empfänger nötig. Entsprechende Empfangseinheiten (z. B. GPS-Mäuse oder CF-Empfänger) lassen sich problemlos nachrüsten. Oder Sie koppeln Ihr GPS-Gerät mit dem PDA: Das Gerät übermittelt dabei ständig seine Position, den aktuellen Kurs und die Geschwindigkeit, sodass Sie auf der Karte im PDA Ihren Weg verfolgen können (GPS-Online-Navigation).
Voraussetzung ist ein GPS-Modell mit **serieller** Schnittstelle, heute eigentlich Standard. Lediglich Geräte, die nur einen USB-Anschluss besitzen, eignen sich nicht (z. B. Garmin eTrex Venture Cx, Legend Cx und Vista Cx). Die Verbindung

von GPS-Empfänger und PDA erfolgt entweder über ein spezielles Kabel (Bezugsquelle siehe Anhang) oder über das GPS-PC-Kabel und einen Nullmodem-Genderchanger (Adapter zwischen GPS-PC-Kabel und Hotsync-Kabel des PDA; erhältlich in Elektronik-Fachmärkten). Zusätzlich müssen Sie im Setup des Geräts unter »Schnittstelle« die Einstellung »NMEA« vornehmen.
Die Navigation mit PDAs hat auch Nachteile. Die Pocketcomputer sind wenig robust und wetterfest, sollten also nur mit einer Schutzhülle bzw. -box verwendet werden. Weiteres Minus: die begrenzte Akkulaufzeit. Bei Dauerbetrieb müssen PDAs meist schon nach wenigen Stunden zum Aufladen ans Netz, damit scheiden selbst Wochenendtouren ohne Lademöglichkeit aus.
Hier liegen die Vorteile der Kombilösung mit GPS-Gerät. Unterwegs navigiert man mit GPS-Empfänger, den PDA schließt man nur hin und wieder an, um seinen Standort zu überprüfen. Wer mit Fugawi oder Pathaway unterwegs ist, kann sogar Wegpunkte, Routen und Tracks vom Handheld-PC auf das GPS-Gerät übertragen. Bei Schlechtwetter ein großer Vorteil: Touren lassen sich flugs auf dem PDA umplanen und auf den Satellitenempfänger laden.

Tourenportale

Der einfachste Weg zur satellitengestützten Navigation führt ins Internet: Dort gibt es in zahlreichen Tourenportalen eine Fülle fertiger GPS-Touren zum Download, nahezu immer als Tracks. Wer vor allem Deutschland, Österreich oder die Schweiz zum Ziel seiner Tourenträume macht, wird garantiert fündig. Auch Stöbern lohnt sich, kann man doch Anregungen für neue Touren finden.
Nicht immer sind die Daten kostenlos. Doch mehr als ein paar Euro müssen Sie meist nicht berappen, und die lohnen sich allemal: Die Touren sind fertig bearbeitet, oft gibt's sogar eine Beschreibung mit Fotos dazu. Die günstigere Variante bilden kostenlose Portale, eine Art Tauschbörse für GPS-Touren, zu denen jeder auch eigene Touren beitragen

Internetportale bilden eine exzellente Quelle für Touren – oft sogar kostenlos!

kann. Allerdings schwankt die Qualität der Aufzeichnungen je nach Autor. Es lohnt sich durchaus, die Tracks vor dem Upload ins Gerät zunächst auf einer passenden digitalen Karte bzw. mit einem Planungsprogramm zu »sichten« und gegebenenfalls nachzubearbeiten.

Touren-Upload Schritt für Schritt

Wie schon erwähnt, liegen die Touren fast immer als Tracks vor, z. T. ergänzt durch Wegpunkte, die wichtige Abzweigungen, Sehenswürdigkeiten oder Ähnliches markieren. Die Daten werden zuerst auf den PC heruntergeladen und dann auf das Gerät übertragen. Entweder mit einem Planungsprogramm wie Fugawi, der Software einer digitalen Karte oder einem einfachen Freeware-Programm, z. B. dem weit verbreiteten G7ToWin (siehe Anhang).
Laden Sie also zunächst Ihre Traumtour auf den Rechner. Fein, wenn die Daten in verschiedenen Formaten angeboten werden. Man wählt einfach das Format einer Software, die man besitzt. Wer z. B. die Top50 hat, lädt die Touren als ovl-Datei herunter.

Keine Angst, wenn das Format Ihrer Software oder Karte fehlt. Die meisten Touren liegen auch als GPX-Datei vor, ein Format, das sich mehr und mehr als Standard durchsetzt und von den meisten Programmen und digitalen Karten gelesen werden kann.
Einmal auf dem PC, müssen Sie die Touren noch auf das Gerät übertragen. Dazu öffnen Sie die heruntergeladene Datei im jeweiligen Programm, markieren den Track und übertragen ihn per Mausklick in den Trackspeicher (Saved Log) Ihres Geräts. **Doch aufgepasst: Der Track darf keinesfalls aus mehr Punkten bestehen als Ihr Gerät pro Track maximal speichert**, beim Garmin VentureCx z.B. 500 (die Zahl der Trackpunkte wird meist von der PC-Software angezeigt). **Sonst wird er gekürzt und das Ende der Tour fehlt!** In solchen Fällen müssen Sie den Track aufteilen, was besonders schnell mit Programmen bzw. digitalen Karten klappt, die das mit einer entsprechenden Funktion (»Track aufteilen« o.Ä.) automatisch erledigen (z.B. TouratechQV, MagicMaps). Andernfalls bleibt Ihnen nur, den Track von Hand aufzuteilen.
Dazu ein Beispiel: Sie haben einen Track, »Rotspitze« genannt, heruntergeladen, der aus 956 Punkten besteht. Ihr Gerät speichert aber nur 500. Im Trackverzeichnis Ihrer digitalen Karte bzw. Ihres Planungsprogramms legen Sie zwei neue Tracks mit Namen »Rotspitze1« und »Rotspitze2« an, in die Sie die Punkte 1–500 bzw. 500–956 des heruntergeladenen Tracks kopieren. Jetzt übertragen Sie beide Tracks auf Ihr Gerät und schon steht die komplette Tour für die Navigation bereit. Eventuell empfiehlt es sich, auch den Original-Track vorab zu reduzieren – sofern Sie über eine entsprechende Software verfügen. Viele Autoren stellen einfach die komplette, unbearbeitete Aufzeichnung aus dem Active Log ins Netz, die jedoch meist aus wesentlich mehr Punkten besteht, als für die Navigation nötig sind (siehe dazu S.86, TTQV).

Besonders groß: Das Angebot an Biketouren im Internet.

Anhang

GPS-Geräte				
Hersteller	**Garmin**	**Garmin**	**Garmin**	**Magellan**
Modell	**Geko 201**	**eTrex Venture Cx**	**GPSmap 60CSx**	**eXplorist 500**
Empfänger				
Kanäle	12	12	12	14
Antenne	Patch	Patch	Quadrifilar Helix	Patch
WAAS/EGNOS	ja	ja	ja	ja
Display	s/w	256 Farben	256 Farben	256 Farben
Speicher				
Wegpunkte	500	500	1000	500
Routen/Wegpunkte pro Route	20/125	50/125	50/250	20/150
Tracks/Trackpunkte pro Track	10/500	20/500	20/500	5/2000
Kartenspeicher	—	Micro-SD-Karte	Micro-SD-Karte	SD-Karte
Navigation				
GoTo	ja	ja	ja	ja
Route	ja	ja	ja	ja
Trackback	ja	ja	ja	ja
Wegpunkt-Projektion	ja	ja	ja	ja
Zusatzfunktionen				
Kompass	nein	nein	ja	nein
Höhenmesser/Barometer	nein	nein	ja	nein
Stromversorgung				
Batterien	2 AAA	2 AA	2 AA	Li-Ionen-Akku
Batterie-Standzeit	bis 12 h	bis 32 h	bis 18 h	bis 10 h
Abmessungen				
Größe (BxHxT)	48x99x24 mm	56x107x31 mm	61x155x33 mm	53x117x33 mm
Gewicht (mit Batterien)	88 g	169 g	213 g	150 g
ähnliche Geräte	Geko 301	Vista Cx/Legend Cx	GPSmap 60Cx	eXplorist 600
Preis	157 €	299 €	609 €	458 €

In der Tabelle finden Sie die Daten der auf S. 25 ff. vorgestellten Geräte.

GPS allgemein

www.kowoma.de
Grundlagen und Funktionsweise des GPS

EGNOS
www.esa.int/esaNA/egnos.html

Galileo
www.esa.int/esaNA/galileo.html

Gerätehersteller

Alan
Tel.: 04154/849125
www.alan-germany.de

Garmin
GPS GmbH
Tel.: 089/8583648 80
www.garmin.de;
www.garmin.com

Magellan
Tel.: 0800/62435526
www.magellangps.com

Silva
Tel.: 06172/454580
www.silva-outdoor.de

Suunto
über Amer Sports: 08989/80101
www.suunto.com

Geräte & Zubehör

www.bikertech.de
Fahrrad- und Motorradhalter

www.gps24.de
Geräte und Zubehör

www.haid-services.de
Verbindungskabel GPS-Gerät – PDA

Karten & Zubehör

Topografische Karten
Freizeit- und Umgebungskarten der Landesvermessungsämter; Digitale Top50
www.adv-online.de
Arbeitsgemeinschaft der Vermessungsverwaltungen der Länder der BRD. Adressen und Links zu den jeweiligen Landesvermessungsämtern (unter »Organisation« – »Mitglieder«).

MagicMaps
Tel.: 07127/970160
www.magicmaps.de

Topografische Karten Österreich; Digitale AMAP Fly
Tel.: 0043/(0)1/40146-386
http://www.bev.gv.at

Schweizer Landeskarten; Digitale Swiss Map
Tel.: 0041/3196322-0
www.swisstopo.ch

Google Earth
Kostenloser, digitaler Online-Globus: www.earth.google.com

Wanderkarten
ADAC TourGuide
Tel.: 089/7676-6170
www.adac-verlag.de

Alpenvereinskarten/Alpenvereinskarten Digital
Tel.: 089/140030
www.alpenverein.de

Kompass-Karten/Kompass Digital Maps
Tel.: 0043/(0)512265561-0
http://www.kompass.at

Aufladbare Vektorkarten für GPS-Geräte
Siehe Gerätehersteller

Kartenzubehör
www.maptools.com
Planzeiger und Netzteiler

GPS-Software

GPS-Planungssoftware

Fugawi
GPS GmbH
Tel.: 089/8583640
www.fugawi.de; www.fugawi.com

Touratech QV
Touratech
Tel.: 07728/9279-0
www.ttqv.de

Einfache Programme

GARtrip
www.gartrip.de
Shareware

GPS TrackMaker
www.gpstm.com
Freeware

G7ToWin
www.gpsinformation.org/ronh/g7towin.htm

Tests, Tipps & News

http://gpsinformation.net
http://noegs.de.tf
www.pocketnavigation.de (PDA-Navigation)

Tourenportale

www.almenrausch.at
www.alpin-koordinaten.de
www.bike-gps.com
www.geolife.de
www.gps-tracks.com
www.gps-tour.info
www.gps-world.net

Internet-Foren

www.gps-forum.de
www.naviboard.de
www.ttqv.de

Geocaching

»Schatzsuche« mit GPS. Infos und Koordinaten unter:
www.geocaching.com
www.geocaching.de
www.navicache.com
www.opencaching.de

Literatur zum Thema

Uli Benker
»GPS auf Outdoor-Touren«
Bruckmann
ISBN 3-7654-4499-5

Register – Alles von A bis Z

Der Autor:
Uli Benker, Journalist und Buchautor, hielt vor sieben Jahren zum ersten Mal ein GPS-Gerät in Händen. Seitdem hat ihn die Faszination Satellitennavigation nicht mehr losgelassen. Wann immer möglich, ist er in seiner fränkischen Heimat, in den Alpen, in Tasmanien oder im Himalaya unterwegs – natürlich immer mit GPS.

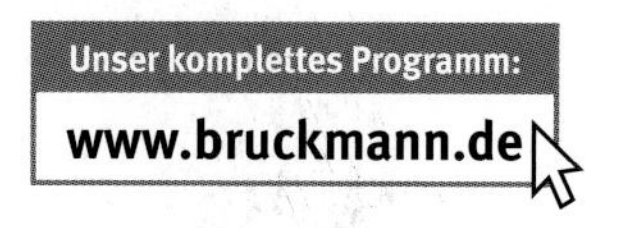

Produktmanagement: Claudia Hohdorf
Textredaktion: Désirée Schoen, München
Satz/Layout: Verlagsservice Peter Schneider
Repro: Scanner Service S.r.l.
Herstellung: Thomas Fischer
Printed in Italy by Printer Trento

Alle Angaben dieses Werkes wurden vom Autor sorgfältig recherchiert und auf den aktuellen Stand gebracht sowie vom Verlag geprüft. Für die Richtigkeit der Angaben kann jedoch keine Haftung übernommen werden. Für Hinweise und Anregungen sind wir jederzeit dankbar. Bitte richten Sie diese an:
Bruckmann Verlag
Postfach 80 02 40
D-81602 München
e-mail: lektorat@bruckmann.de

Bildnachweis: Alle Fotos im Innenteil und auf dem Umschlag vom Autor, bis auf Uli Benker/Harald Benker: S. 9, 14, 34, 36, 39, 50, 57; Harald Benker: Titel, Innentitel, S. 2–6, 16–28, 35, 40, 43, 49, 51, 53–55, 59o, 64, 68–69, 74, 77–80, 88, 91; Stefan Bucher: S. 32 li, 68; Stefan Bucher/Johanna Weccardt: S. 30, 33; Philipp Drewes: S. 8, 13; Boris Gnielka: S. 11, 45, 62, 87; Melanie Rochow: S. 7; Johanna Weccardt: S. 32 re; Christian Rolle, Kartografie und Geoinformationstechnik, Holzkirchen: S. 71.
Alle Display-Screenshots: Uli Benker/Garmin GPSmap 60CSx.
Genehmigungen: Umgebungskarte Naturpark Fränkische Schweiz, Top50 Bayern: Wiedergabe mit Genehmigung des Landesamtes für Geoinformation Nr. 5555/06: S. 34, 39, 81, 84, 86.
Mit freundlicher Genehmigung des Deutschen Alpenvereins: S. 34, 36, 57, 60.

Die Deutsche Bibliothek – CIP-Einheitsaufnahme
Ein Titeldatensatz für diese Publikation ist bei der Deutschen Bibliothek erhältlich.

ISBN 978-3-7654-4522-4